图解纳米科技

任红轩　编著

科学出版社
北京

内 容 简 介

《图解纳米科技》采用生动活泼的例图讲解和对话模式，试图普及纳米科技知识。在图解和讲解之外，还配有小贴士，以供深入阅读。全书共分5部分：纳米概念和纳米材料的奇特性质，鬼斧神工的天然纳米结构，神奇的纳米材料，身边视而不见的纳米科技产品，来自古代的纳米产品与身边的纳米科技仿生。

本书可供对纳米科技感兴趣的读者阅读，特别是对青少年来讲，更符合他们的阅读习惯，希望通过阅读本书，激发大家对纳米科技的兴趣。

图书在版编目（CIP）数据

图解纳米科技 / 任红轩编著．—北京：科学出版社，2016

ISBN 978-7-03-047713-2

Ⅰ．图…　Ⅱ．任…　Ⅲ．纳米技术－图解　Ⅳ．TB303-64

中国版本图书馆 CIP 数据核字（2016）第 050497 号

责任编辑：张淑晓　杨　震 / 责任校对：赵桂芬

责任印制：赵　博 / 封面设计：陈四雄

科学出版社出版

北京东黄城根北街 16 号

邮政编码：100717

http://www.sciencep.com

北京建宏印刷有限公司印刷

科学出版社发行　各地新华书店经销

*

2016年 3 月第　一　版　　开本：A5（890×1240）

2025年 5 月第八次印刷　　印张：7 1/8

字数：226 000

定价：39.00 元

（如有印装质量问题，我社负责调换）

前 言

我编写《纳米科技产品及应用》一书时，科学出版社的张淑晓编辑和杨震分社长就提出是否可以写一本专门的纳米科普书籍。当时由于对纳米科技的理解不深，不敢贸然应允，怕误人子弟。但是这个想法却一直萦绕于心，特别是近些年来，承担了全国教育科学“十一五”规划教育部重点课题“未成年人校外教育基地标准与创新人才培养模式的实践研究”和北京市科学技术委员会的科普项目，指导北京市第三十五中学学生赵维哲和王佳辰开展探究式纳米课题之后，一发不可收，陆续为中小学生编制了《趣味科学实验：神奇的纳米世界》《创新人才早期培养之“纳米世界”探究》等实验教材之后，撰写一部纳米科普书的想法再次浮入脑海，遂利用业余时间收集和整理纳米科技的图片及文字。编写过程中对表现形式进行了多次大的修改。其间经历了申请北京市科普图书专项项目失败，虽然对专家意见并不十分认同，但是也在不断反思这部纳米科普书的内容和形式应该如何进行。在这个过程中，儿子任泽臣给了我很多启发，已进古稀之年的母亲帮助我照顾孩子，使我没有后顾之忧，业余时间可以投入到创作中来，加上爱人对我工作的理解和支持，本书才得以成稿。由于我才疏学浅，水平有限，书中观点难免有失偏颇，特别是对一些专业的问题，理解可能不到位，加之转换成科普语言的时候可能不准确，不足甚至错误之处在所难免，希望各位专家和读者不吝赐教。

目录

一

纳米概念和纳米材料的奇特性质

三

神奇的纳米材料

四

身边视而不见的纳米产品

一、纳米概念和纳米材料的奇特性质

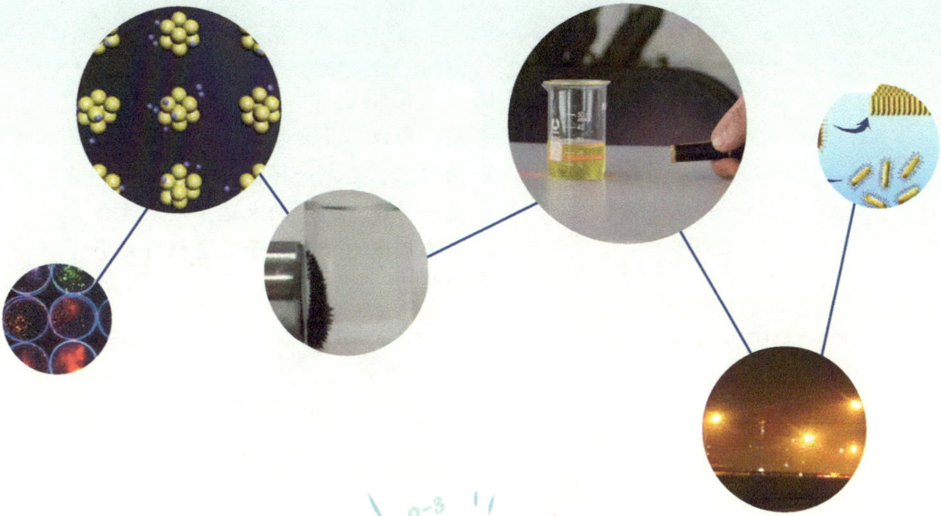

纳米是物质吗？

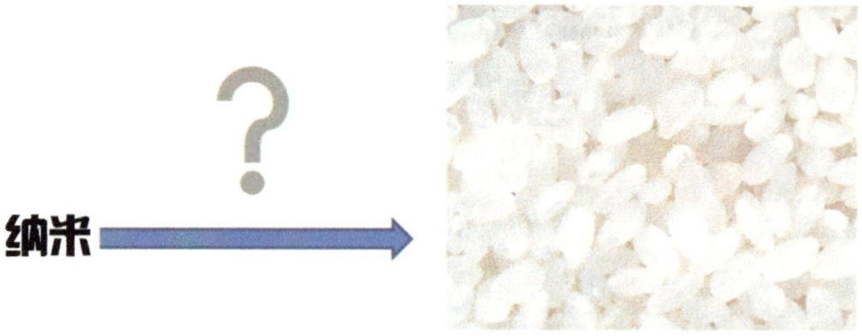
纳米

大米

博士哥哥，纳米像大米一样可以吃吗？
樱桃小妹，纳米不是一种物质，所以不是食物，不是吃的，它同厘米、毫米一样，是长度单位，是一种度量衡。纳米这个词只适合用来描述原子、分子或者相当大小的物质。

纳米是一种长度单位

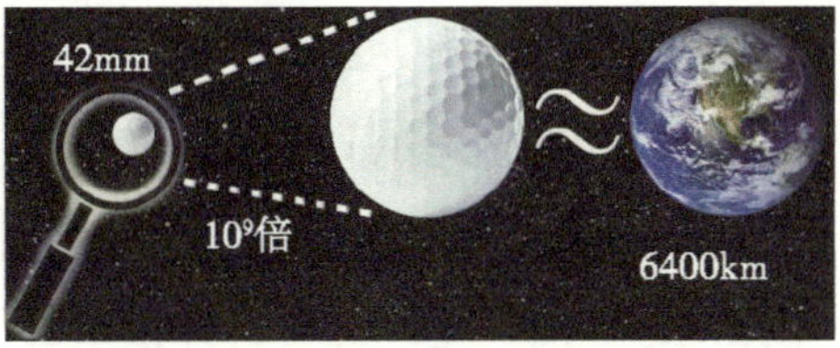

放大 10^9 倍的高尔夫球与地球的比较

小贴士

度量衡是指在日常生活中用于计量物体长短、容积、轻重的物体的统称。度量衡的发展大约始于父系氏族社会末期。因地域和国情不同计量统计方式不同。度量衡最早表示三个意思："度"是"尺"，计量长短；"量"是"斗"，计量容积；"衡"是"秤"，计量重量。

纳米包治百病？

博士哥哥，我看到很多有关医药的纳米广告宣传，包括“纳米包治百病”，真的是这样吗？

樱桃小妹啊，你不要听信那些虚假宣传，“纳米”两个字需要跟特定的药物结合，才具有特定的治疗功效，应用的范围是有限的，而不是无限的。如果滥用的话，甚至可能是有害的。

小贴士

水由氢和氧两种元素组成，这两种元素在一起很容易形成氢键，所以水分子在液态下会通过氢键形成一个个分子团。氢键方向倾向于直线，导致这些水分子形成的分子团不会无限扩大，通常只有几个分子到几十个分子那么大。由于水会发生微弱的电离，所以这些分子团偶尔还会带上电荷，形成诸如$H_9O_4^+$、$H_{33}O_{16}^+$、$H_{19}O_{10}^-$之类的离子。静电作用进一步限制了水分子无限串联。

利用核磁技术可以辨别水分子团的大小：核磁波峰的宽度越窄，意味着团簇中的分子就越少；反之，则分子数目就越多。一些商家鼓吹“小分子团水”是最纯净的水，但实际上纯净水比自来水的分子团要大，因为纯净水的波宽大约120Hz，自来水一般小于100Hz，不同地区略有差别。

要想使水分子团变小，必须破坏氢键，一般有两种方法，加入盐类或者是加热。为什么自来水比纯净水分子团簇更小，就是因为自来水中存在很多Ca^{2+}、Mg^{2+}和Cl^-、SO_4^{2-}之类的离子，正是这些离子与水之间的作用破坏了氢键，使“大分子团水”变小。照这个原理，用不着去购买昂贵的饮水机和保健杯，自己撒把盐到水里也一样能创造出“小分子团水”。除了离子作用以外，温度也是一大影响因素。温度升高，水分子热运动加快，会破坏氢键，水沸腾时，表面的水分子团接近单分子，通常不超过4个分子。

纳米尺度的神秘空间

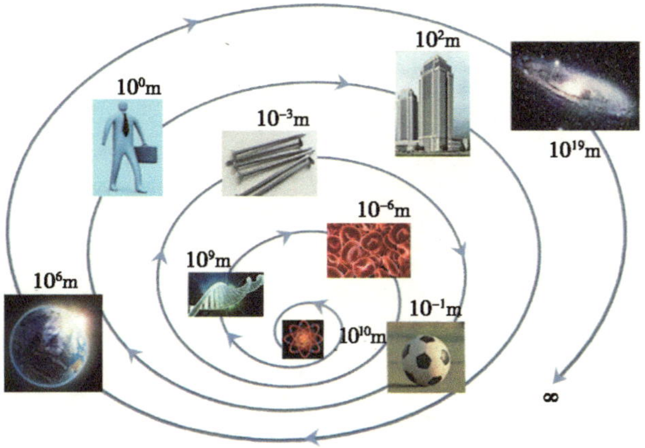

博士哥哥，那什么是纳米尺度啊？

樱桃小妹，所谓的纳米尺度，就是1~100纳米这个范围。当然也有例外，比如，石墨烯的厚度大约是0.7纳米，因此也有0.1~100纳米这个范围的说法。

神奇的纳米效应

博士哥哥，用纳米的尺度概念就可以判断什么是纳米产品了吗？

樱桃小妹，严格来讲，光用尺度的概念还不足以判定纳米材料或纳米产品，它们还需要具备纳米效应，笼统地说，就是到了纳米尺度才具有的性质。二者缺一不可呀。

小贴士

纳米尺度下的物质，它们的物理和化学性质可能会产生极为奇妙的变化，甚至可能颠覆我们的常识！例如，色彩单一的物体会变得五彩斑斓，良导体变得彻底绝缘，轻如蝉翼的薄片可以坚韧似钢，普通的材料会发电、发光，等等。科学家们将纳米材料的独特性质归纳为三大效应：比表面效应、小尺寸效应和宏观量子隧道效应。

裸露的表面

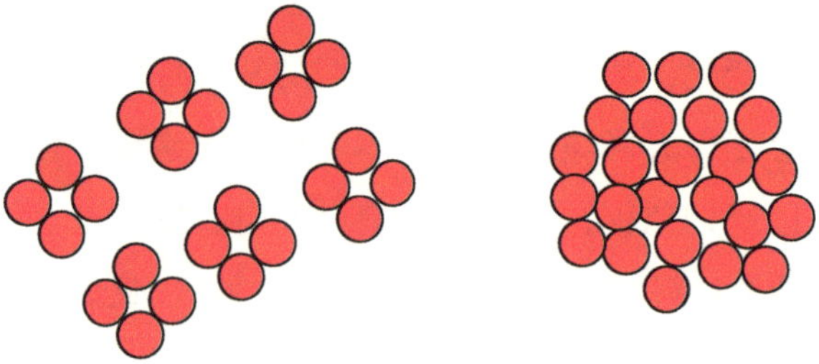

a　　b

樱桃小妹，比表面效应与比表面积密切相关。比表面积是指单位质量物质所具有的总表面积。对同一种物质来说，物质的表面积取决于颗粒的大小：颗粒越小，总的表面积越大，比表面积越大。
博士哥哥，那什么是比表面效应啊？

颗粒大小与裸露表面的关系

颗粒直径 /nm	颗粒中原子的个数	表面裸露原子占比 /%
10	30000	20
4	4000	40
2	250	80
1	30	99

小贴士

比表面积是指单位质量物质所具有的总表面积，国标单位是m^2/g。表面积分外表面积和内表面积两类。理想的非孔性物料只具有外表面积，如硅酸盐水泥、一些黏土矿物粉粒、人造无孔纳米材料等；有孔和多孔物料具有外表面积和内表面积，如石棉纤维、岩（矿）棉、硅藻土、人造多孔纳米材料等，生活中最典型的例子是海绵，它具有丰富的内部结构，可以吸附大量的水等液体物质。测定比表面积的方法有容积吸附法、重量吸附法、流动吸附法、透气法、气体附着法等，这些测定方法各有优缺点，需要根据具体的物质形态来选择。比表面积是评价催化剂、吸附剂及其他多孔物质的重要指标之一。纳米材料具有巨大的比表面积，这使其具有优异的性能。从某种程度上讲，石棉也是天然的纳米材料，其比表面积的大小，对它的热学性质、吸附能力、化学稳定性、开棉程度等各种性能均有明显的影响。

巨大的比表面积

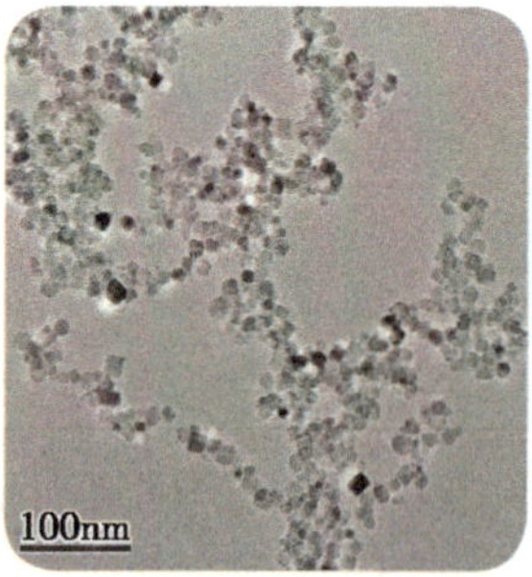

纳米氧化铝的电镜图

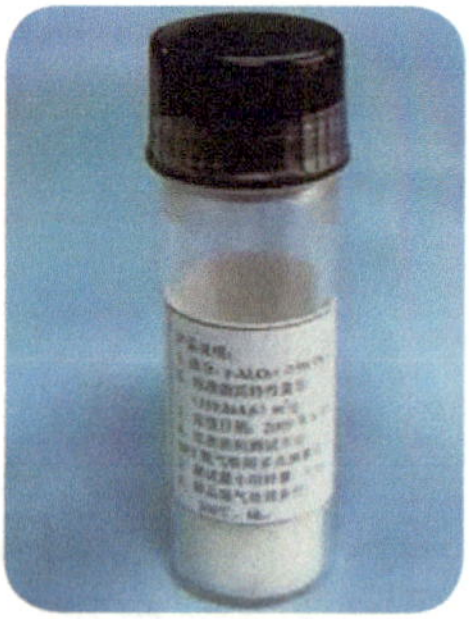

1 克 5 纳米氧化铝的实物图

小贴士

随着颗粒的变小，比表面积将会显著地增加，也就是位于颗粒表面的原子数会相对增多。这些表面原子具有很高的活性，极不稳定，致使颗粒表现出与大块物质不一样的特性，这就是表面效应。由于表面原子周围缺少相邻的原子，造成许多不饱和悬空键的存在，它们很容易与其他原子相结合（即发生化学反应）而稳定下来，因此表现出很高的化学活性。随着粒径的减小，纳米材料的表面积、表面能及表面结合能都迅速增大。

超微颗粒的表面具有很高的活性，在空气中金属超微颗粒会迅速氧化而燃烧。要防止自燃，可采用表面包覆的办法，或者有意识地控制氧化速度，使其缓慢氧化，生成一层极薄而致密的氧化层，确保表面的稳定性。由于具有很高的表面活性，金属超微颗粒可望成为新一代的高效催化剂、贮气材料和低熔点材料。

做道题——比表面积

比表面积计算举例:

立方体的表面积 = 棱长 × 棱长 ×6

比表面积 = 表面积 / 质量

对于同样质量的物体来说，比表面积取决于表面积

对于一个棱长为 4 厘米的物体来说，比表面积 =4×4×6/质量 = A

当该物体被切割成 2 厘米的立方体后，比表面积 =2×2×6×8/质量 =2A

继续切割，当该物体被切割成 1 厘米的立方体后，比表面积 =1×1×6×64/ 质量 =4A

这样规则地切割下去，到第 n 次切割，会得到 8^n 个小立方体，则比表面积 $=2^nA$

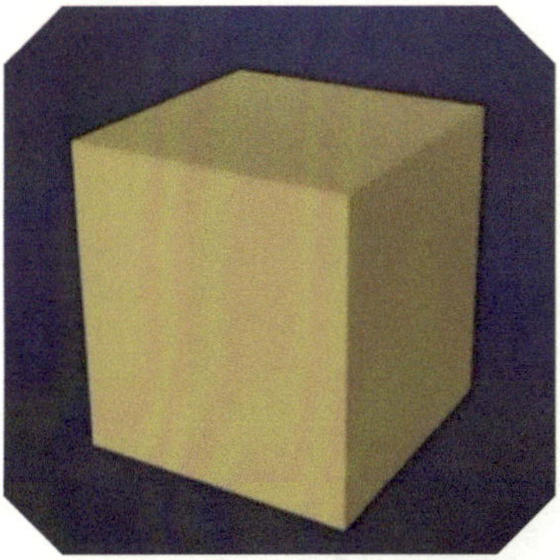

小尺寸，大效应

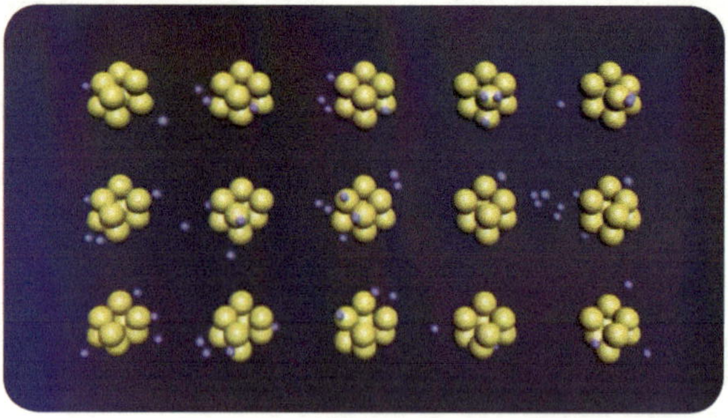

表面效应我理解了，什么是小尺寸效应呢？
顾名思义，小尺寸效应就是由于颗粒尺寸小而产生的效应。表现在光、电、磁、热等方面。

小贴士

对介于原子、分子与大块固体之间的超微颗粒而言，大块材料中连续的能带将分裂为分立的能级。大块材料中的电子与单个颗粒中的电子是类似的，但是电子要想在两个颗粒之间移动，就需要获得更大的能量，电子要在纳米颗粒与纳米颗粒之间移动变得困难；能级间的间距（称为“带隙”）随颗粒尺寸减小而增大。当热能、电场能或者磁场能变得比平均的能级间距更小时，材料就会呈现出一系列与宏观物体截然不同的反常特性。例如，纳米材料的熔点可远低于块体材料，这为粉末冶金提供了新工艺；利用等离激元共振频移随颗粒尺寸变化的规律，可以通过改变颗粒尺寸来控制吸收的位移，制造具有一种频宽的吸波纳米材料，用于电磁屏蔽、隐形飞机等。

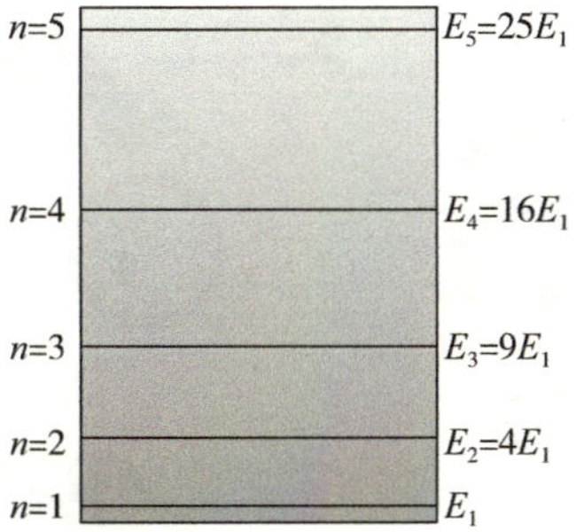

能级分布图

会发七色光的“点”

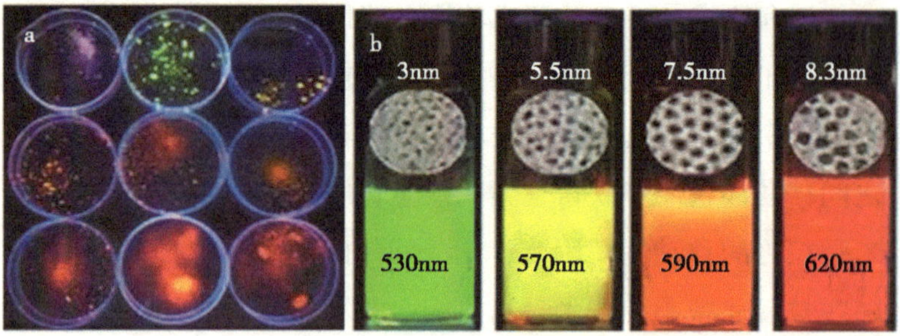

a：不同尺寸的量子点所激发出来的颜色

b：上面的数据表示量子点尺寸，下面的数据表示发出光的波长

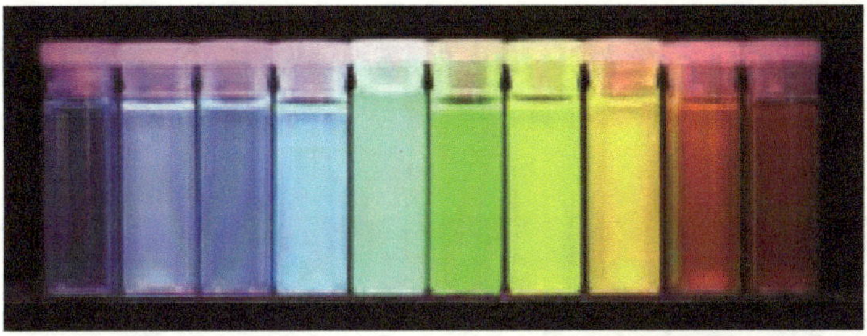

利用不同的量子点尺寸可以激发出全光谱色彩

小贴士

量子点是准零维的纳米材料，由少量原子构成，严格意义上来说，量子点不是点。粗略地说，量子点三个维度的尺寸都在 100 纳米以下，外观恰似一个极小的点状物，其内部电子在各方向上的运动都受到局限，所以量子限域效应特别显著。

所有金属在超微颗粒状态都是黑色的。尺寸越小，颜色愈黑，银白色的铂金（白金）变成铂黑，银白色的金属铬变成铬黑。由此可见，金属超微颗粒对光的反射率很低，通常可低于 1%，大约几微米的厚度就能完全消光。利用这个特性可以制造高效率的光热、光电转换材料，以很高的效率将太阳能转变为热能、电能。另外还有可能应用于红外敏感元件、红外隐身技术等。

生活中的丁铎尔现象

红色激光照射蛋清：
丁铎尔现象

蓝色激光照射加 95% 酒精后的蛋清：
溶胶被破坏了

小贴士

在光的传播过程中，光线照射到粒子时，如果粒子尺寸小于入射光波长则发生光的散射。纳米粒子尺寸一般在1~100nm之间，小于入射光的波长（一般可见光的波长在400~760nm之间），因此当一束光射入胶体，就立即发生光的散射，从与入射光垂直的方向可以观察到胶体中出现一条“光亮”的通路，这种现象叫丁铎尔（Tyndall）现象。

想一想：糖水会不会产生丁铎尔现象？

对于真溶液，虽然分子或离子更小，但因为散射光的强度随散射粒子的减小而明显减弱，所以，真溶液对光的散射作用很微弱，不能产生丁铎尔现象。

烧开水，打银器

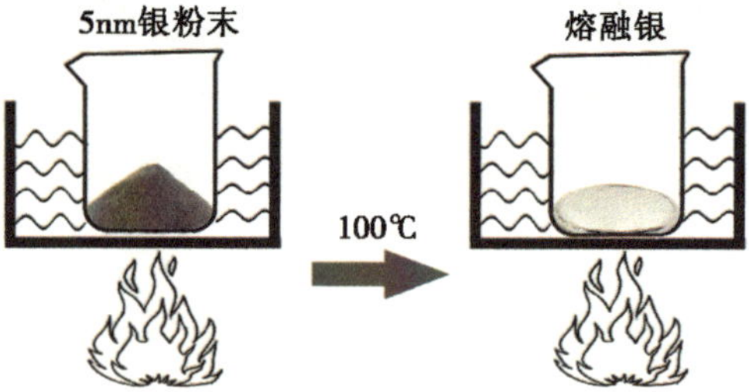
5nm银粉末
熔融银
100℃

我有些明白了，那小尺寸效应里面有什么热的效果呀？
纳米尺度的金属材料，会出现熔点不再是一个固定的温度，而是随着尺寸的降低而降低。例如，大于150纳米的银颗粒，它的熔点是962℃，但是把银颗粒的尺寸加工到5纳米的时候，用烧开的水就可以使其熔化。这一效应用在冶金方面，就可以大幅度降低能耗。

金属尺寸与熔点

金属材料	熔点
块体金	1064℃
2nm 金颗粒	327℃
块体铜	1084℃
40nm 铜	750℃
>150nm 银	962℃
5nm 银	100℃

小贴士

对于纳米颗粒组成的粉体，在粉体内部的原子少，表面上的原子多，表面原子处于不安定状态，使颗粒具有较高的表面能，造成纳米颗粒特有的热性质——熔点下降。纳米粉末比传统粉末容易在较低温度烧结，而成为良好的烧结促进剂。

感应出来的磁场

博士哥哥，那纳米材料有什么磁效应呢？

樱桃小妹，20纳米以下的四氧化三铁具有超顺磁性。超顺磁性，通俗地说，就是原本没磁性（左图），放到磁场中后能感应生出磁性（右图），当把外界磁场撤离时，磁性立刻消失的特性。

小贴士

超顺磁性 当铁磁体或亚铁磁体的尺寸足够小的时候，由于布朗运动，这些纳米粒子会随机地改变方向。如果没有外磁场，它们就会像放学后的小学生一样向各个方向走，从而在整体上它们表现不出磁性。但是，假设施加外磁场，它们就会像小学生列队一样，排成阵列，也就是说它们被磁化了。

矫顽力 大块的纯铁矫顽力约为 80 安 / 米，而当颗粒尺寸减小到 20 纳米以下时，其矫顽力可增加 1000 倍。若进一步减小其尺寸，大约小于 6 纳米时，其矫顽力反而降低到零。

利用磁性超微颗粒具有高矫顽力的特性，已做成高储存密度的磁记录磁粉，大量应用于磁带、磁盘、磁卡以及磁性钥匙等。利用超顺磁性，人们已将磁性超微颗粒制成用途广泛的磁性液体。

雾霾与纳米

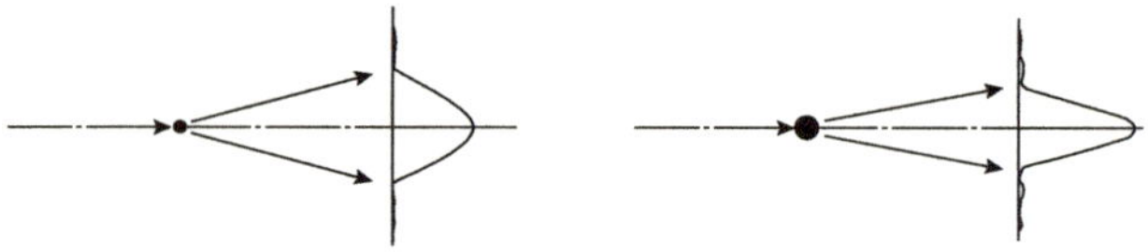

小颗粒产生的衍射角大　　大颗粒产生的衍射角小

博士哥哥，听你讲了这么多，我终于对纳米有所了解了。去年冬天，北京连续雾霾，启动了橙色甚至红色预警，据说是空气中大量的PM2.5造成的，请问PM2.5与纳米颗粒有关系吗？

PM2.5是粒径在2.5微米以下的颗粒物，纳米颗粒通常是指粒径在100纳米以下的颗粒。严格意义上讲，纳米颗粒包含在PM2.5中，但二者在空气中产生的感官效果却是不一样的。PM2.5对光的衍射角小，对光的反射大，会影响光学效果，遮挡视线。而纳米颗粒对光的衍射角大，对光的反射也小，在空气中呈现出透明的光学效果。晴朗的天气100纳米以下的细颗粒多，雾霾天气100纳米~2.5微米的颗粒多。

小贴士

PM2.5 指环境空气中空气动力学当量直径（描述粒子运动的一种“假想”粒度）小于或等于 2.5 微米的颗粒物。它能较长时间地悬浮于空气中，其在空气中的浓度越高，就代表空气污染越严重。虽然 PM2.5 在地球大气成分中含量很低，但它对空气质量和能见度等有重要的影响。与较粗的大气颗粒物相比，PM2.5 粒径小，表面积大，活性强，易附带有毒、有害物质（例如，重金属、微生物等），且在大气中的停留时间长，输送距离远，因而对人体健康和大气环境质量的影响更大。

雾霾里的丁铎尔效应

博士哥哥，雾霾发生的时候，会出现丁铎尔现象吗？天气晴朗的时候为什么没见过呢？

樱桃小妹啊，天气晴朗的时候，白天光线从四面八方射过来，丁铎尔效应相互抵消，就不会看到了，这种效果类似医院手术时使用的无影灯。但晚上就不同了，光源比较有限，就会表现出来丁铎尔现象，特别是颗粒物比较多的雾霾天气。

小贴士

雾是由大量悬浮在近地面空气中的微小水滴或冰晶组成的气凝胶系统。

霾(mái)，也称灰霾，是由空气中悬浮的大量微粒(灰尘、硫酸、硝酸、有机碳氢化合物等粒子)形成的气凝胶系统和气象条件共同作用的结果，主要使大气混浊，造成视觉障碍。

“雾霾”是“雾”和“霾”的组合词，但雾是雾，霾是霾，二者区别很大。发生霾时，空气的相对湿度不大，而发生雾时，空气中的水蒸气是饱和的(如有大量凝结核存在时，相对湿度不一定达到100%就可能出现饱和)。雾霾常见于城市。中国不少地区将雾并入霾一起作为灾害性天气现象进行预警预报，统称为“雾霾天气”。雾霾是特定气候条件与人类活动相互作用的结果。高密度人口的经济及社会活动必然会排放大量细颗粒物，一旦排放超过大气循环能力和承载度，细颗粒物将持续积聚，此时如果是静稳天气(空气流动性很小)，极易出现大范围雾霾。

宏观量子隧道效应——穿墙术?

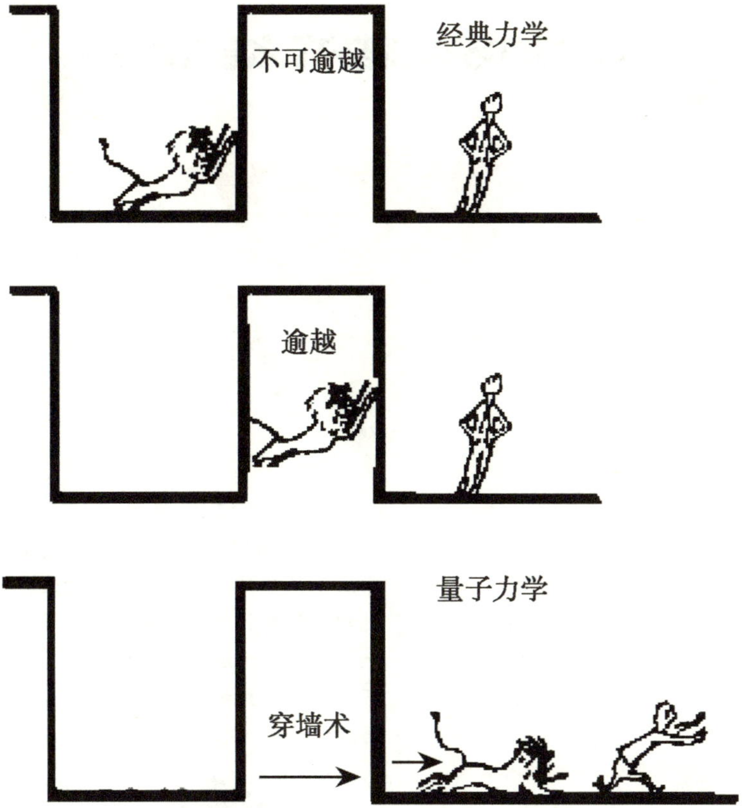
经典力学
不可逾越
逾越
量子力学
穿墙术

纳米材料与纳米结构怎么制造啊？

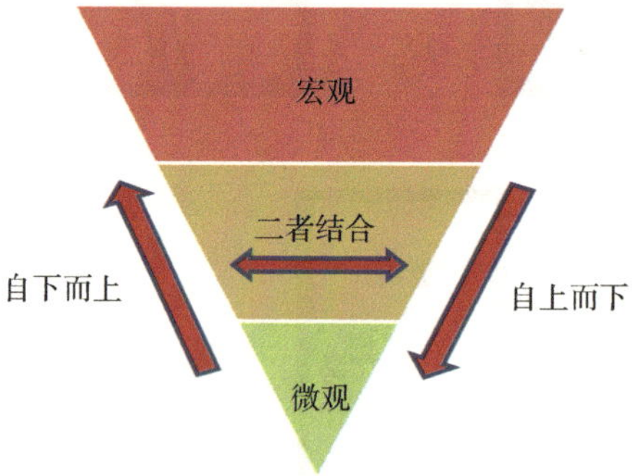

关于雾霾，我有些了解了，可这是自然形成的，人工纳米颗粒怎么制造呢？

纳米材料和纳米结构的制造方法多种多样，可以分成物理法、化学法和生物法等，也可以分成自上而下（微纳加工、球磨等）、自下而上（自组装、化学生长等）和两种方法的结合。

小贴士

“自上而下”的方法包含微纳加工、球磨、粉碎、剥离等很多种方法，这里主要指利用微纳加工方法制备微纳结构。随着半导体工业集成度的不断提高，按照集成度每18个月翻一番的规律（即摩尔定律），加工的线宽不断降低，直到纳米尺度的加工极限；“自下而上”的方法包含沉积法、沉淀法、水热合成、溶胶凝胶、微乳液等方法，它采用分子、原子搭建纳米尺度的结构单元，依靠静电力、色散力等弱的相互作用力，像搭积木一样按照事先的设计建造成所需要的材料和结构，并获得预期的功能。

自组装：自动排列的队伍

俄罗斯套娃

所谓的自组装就是原子或分子像小朋友排队：左右拉手排成一队，形成纳米线；如果前后左右都拉手，就形成薄膜；多条线之间互相拉手，就形成纳米棒或者纳米带等结构。线与线之间连接，队伍的长度远大于宽度，构成纳米带。队伍长度和宽带差不多，构成薄膜或者纳米片。

博士哥哥，什么是自组装呢？

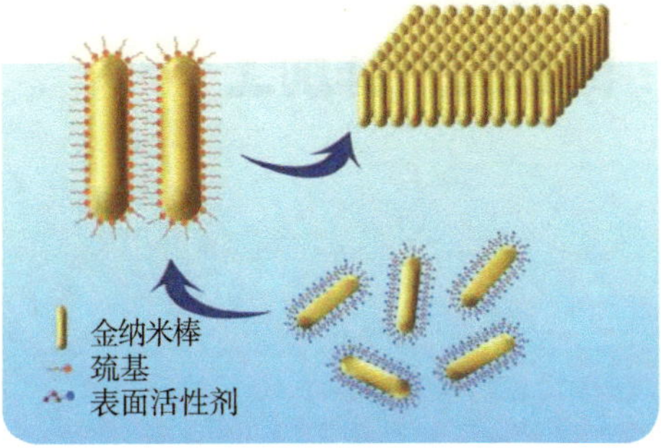

金纳米棒及其阵列

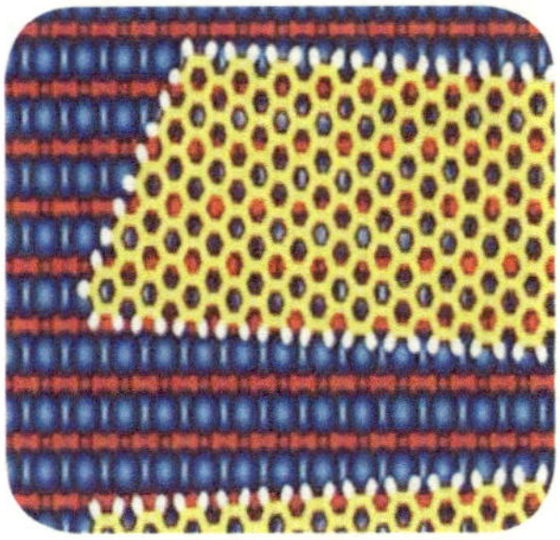

石墨烯纳米带

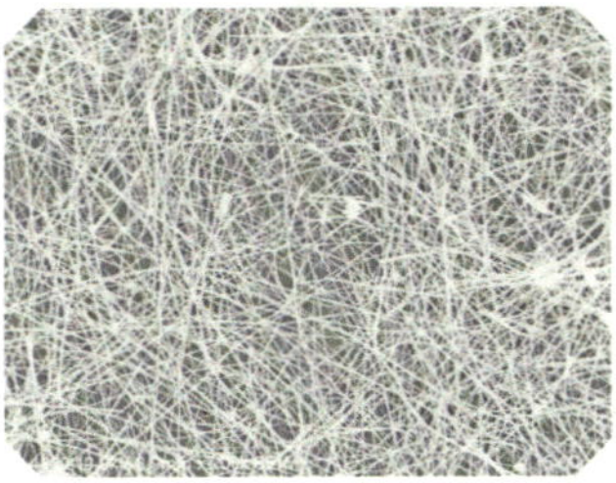

银纳米线

碳纳米管薄膜

小贴士

所谓自组装（self-assembly），是指原子、分子，纳米粒子，微米或更大尺度的物质等基本结构单元通过原子、离子、分子之间的弱作用力自发形成稳定、有序结构的一种技术。

微纳加工：像刻刀一样加工

什么是微纳加工呢？

通俗地说，微纳加工就是用光子束、电子束或者离子束刻出像搓衣板一样的沟道结构，或者是更复杂的二维或者三维结构，当然这些线宽是纳米级的。

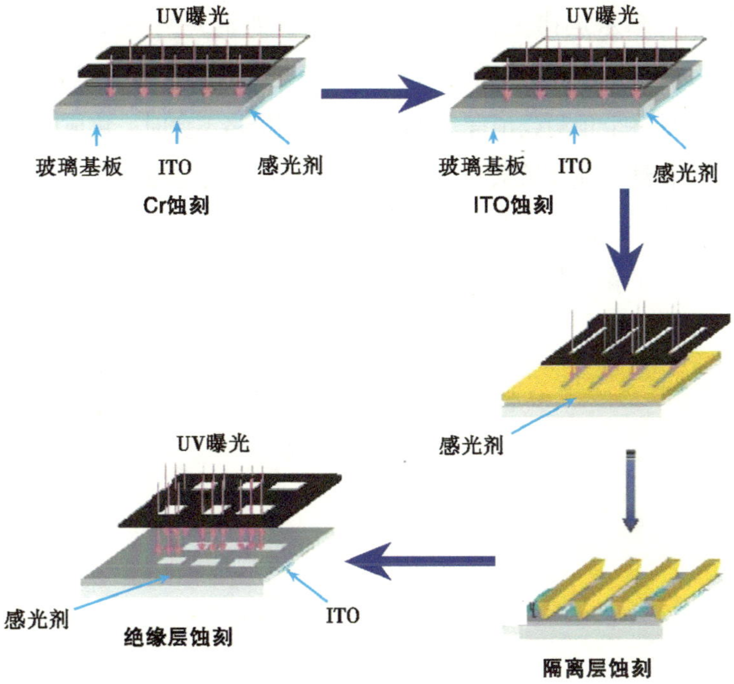
UV曝光
玻璃基板
ITO
感光剂
Cr蚀刻
UV曝光
玻璃基板
ITO
感光剂
ITO蚀刻
感光剂
隔离层蚀刻
UV曝光
感光剂
ITO
绝缘层蚀刻

小贴士

微纳加工用于表示在微米和纳米尺度完成的各种加工操作。一般来说，微米尺度是 1~1000 微米（也就是 1 毫米），纳米尺度是 1~100 纳米（也就是 0.1 微米）。微纳加工的产品更多地受到摩尔定律的影响。

摩尔定律是由英特尔（Intel）创始人之一戈登•摩尔（Gordon Moore）提出来的，它并不是一条真正的物理学定律，而是一个预测或预言。其内容为：当价格不变时，集成电路上可容纳的晶体管数目，约每隔 18 个月便会增加一倍，性能也将提升一倍。换言之，每一美元所能买到的电脑性能，将每隔 18 个月翻一倍以上。这一定律揭示了信息技术进步的速度。

二、鬼斧神工的天然纳米结构

孔雀为何如此美丽

孔雀羽毛及其在高倍电子显微镜下的微观结构

博士哥哥，孔雀的羽毛非常漂亮，是因为色素吗？

NO！孔雀的色彩属于结构色。在高倍电子显微镜下，孔雀的羽毛展现出周期性的纳米结构（这是天然的光子晶体），太阳光中的某些频率的光不能通过，这样使本身不具备颜色的孔雀羽毛色彩斑斓。

小贴士

自然界中的颜色主要是由于色素产生的，叫做色素生色；但有些动物经历进化后选择了结构生色，即依靠尺度与波长相近的纳米结构和自然光的作用而产生颜色。对于色素生色，随着色素化学结构的变化，颜色会改变甚至消失；而结构生色只要保证结构生色材料的折射率和尺寸不变，其颜色是永远不会消减的，所产生的颜色也特别明亮，甚至还具有金属光泽。结构生色不用染料、颜料就能产生颜色。如果把仿生结构生色这个构想应用于纺织印染领域，将避免印染生产和应用所产生的环境污染，会给该行业带来革命性的改变。

七彩蝴蝶的秘密

蝴蝶及其微观结构

小贴士

在人类发明了显微镜以后，科学家得以深入研究菜粉蝶和其他蝴蝶翅膀的表面，这才发现了它的秘密———翅膀上的纳米结构正是蝴蝶的“色彩工厂”。不同种类的蝴蝶，尽管鳞粉结构不同，但彼此之间还是有共同特征。一般来说，蝴蝶翅膀由两层仅有 3~4 微米厚的鳞片组成。上面一层鳞片像微小的屋瓦一样交替，每个鳞片的构造也很复杂，下面一层则比较光滑。蝴蝶翅膀这种井然有序的安排形成了所谓的光子晶体，也就是纳米结构。通过这种结构，蝴蝶翅膀能捕捉光线，仅让某种波长的光线透过，因此呈现出不同的颜色。

通过鳞粉这种特殊的结构，能够使折射率各异的物质在纳米层次有规则地排列，从而高效地让特定颜色的光透过或者将其“拦截”，形成色彩缤纷的图案。蝴蝶翅膀上的颜色其实是一个身份标志。不同颜色的翅膀，让形色万千的蝴蝶能在很远的地方就识别出同伴，甚至辨别出对方是雄是雌。

新的沙漠之舟

类蜘蛛丝集水示意图（小水滴在不断变大）

小贴士

蜘蛛的网常常出现在长久没有清扫的房间角落。对于普通人而言，蜘蛛网并不是什么了不起的东西，用扫帚轻轻一拂，就扫掉了。但是蜘蛛丝本身确实是大自然的奇迹。自然界中的蜘蛛丝直径有 100 纳米左右，是真正的纯天然纳米纤维。如果用蜘蛛丝制成和普通钢丝绳一样粗细的绳索，那么它可以吊起上千吨重的物体，其强度可与钢索相媲美。

除了用于捕捉飞虫外，几乎所有的蜘蛛都还用蛛丝作为指路线、安全绳、滑翔索。蜘蛛的腹部通常有几种腺体，被称为吐丝器。各种腺体产生不同类型的蛛丝，腺体顶端有喷丝头，上面有数千只小孔，喷出的液体一遇空气即凝结成黏性强、张力大的蛛丝。蛛丝由丝纤朊蛋白质组成。通常，一千根蛛丝合并后比人的头发丝还要细十分之一。

从天然蜘蛛丝的方向性集水效应得到启示，科学家利用各种有机材料制备类蜘蛛丝梯度结构纤维，在纤维上构筑具有纳米结构的纺锤体，这些纤维可以实现微小液滴的聚集和传输。利用这项技术，有望解决沙漠中的饮水问题。

你也可以成为蜘蛛侠

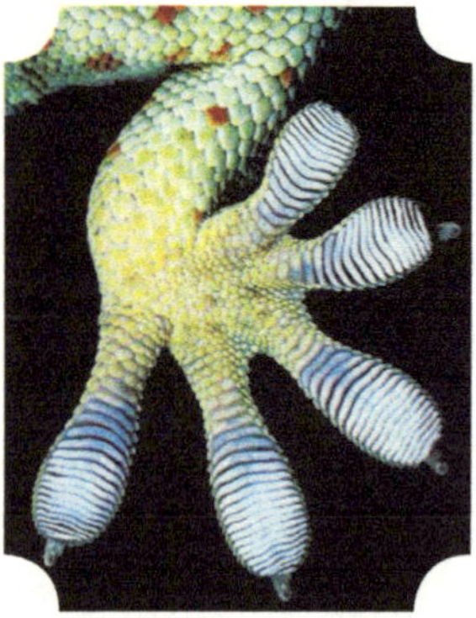

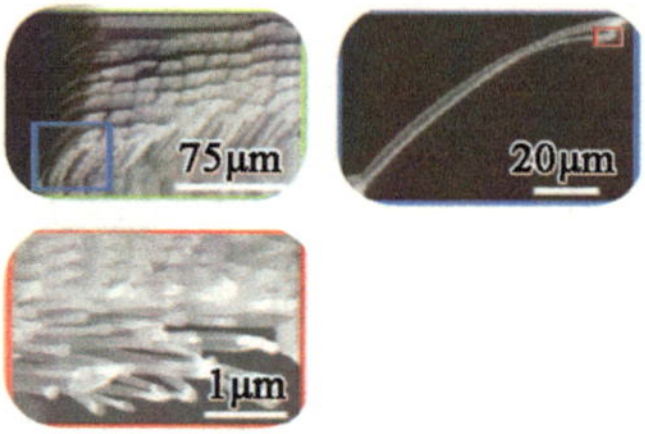

博士哥哥，我最近看了蜘蛛侠的电影，好神奇啊！我也想成为蜘蛛侠，惩恶扬善！能实现吗？

樱桃小妹啊，生活中就有这样的例子，那就是壁虎，不过它不是靠吐丝，而是靠爪子上的吸盘贴在墙上。用电子显微镜可以看到，吸盘由大量的阵列性微纳结构组成，这些结构产生的分子间的吸引力，才是壁虎可以在墙壁上爬行的奥秘。如果人类能够制造这些结构，那么在天花板上行走的梦想就可以实现了，你也可以成为蜘蛛侠！

小贴士

壁虎可以在任何墙面上爬行，反贴在天花板上，甚至用一只脚倒挂在天花板上。它依靠的就是纳米结构，壁虎脚上覆盖着十分纤细的茸毛，可以使壁虎以几纳米的距离大面积地贴近墙面。尽管这些绒毛很纤弱，但足以使范德华力发挥作用，为壁虎提供数百万个附着点，从而克服其体重。这种附着力可通过“剥落”轻易打破，就像撕开胶带一样，因此壁虎能够爬过天花板。

海星——无处不在的监视器

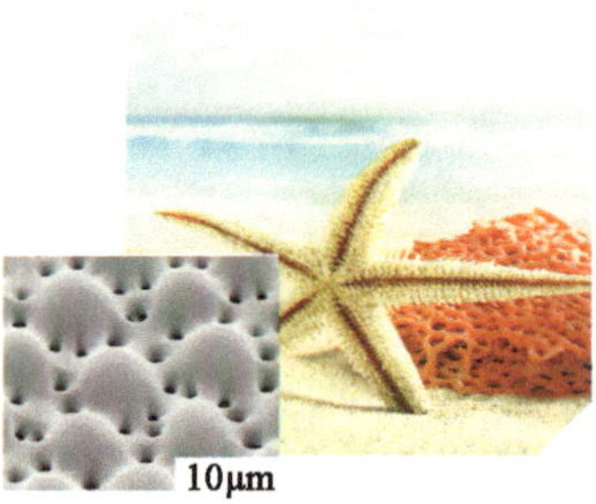

博士哥哥，海星为什么没有眼睛，它可以看见东西吗？

樱桃小妹，海星不是没有眼，而是眼很多，不过跟我们通常意义的眼不太一样。用环境扫描电镜观察可以看到，海星的表面有大量的类似凸透镜的微纳结构。无数个透镜都有聚光性质，这些透镜使海星能够同时得到来自各个方向的信息，及时掌握周边情况。

小贴士

海星没有严格意义上的眼睛，但却能够敏锐地感知远处潜在的天敌，并及时做出反应，这一直令生物学家困惑不解。后来借助高倍电子显微镜，谜底终于揭开了。原来海星棘皮里存在5万到10万个由纳米碳酸钙组成的完美的微型透镜阵列，整个毛茸茸的身体就构成了海星能观六路的眼睛。这种完美的光敏微型透镜系统是海星生长过程中，身体表面纳米结晶化的结果；为了防止不必要的色边，结晶化过程中，透镜内还吸收了适量的镁，这既可以帮助海星更有效地过滤光线，又可以校正透镜的“球面像差”，进而发现天敌。海星棘皮具有高度感光性，它能通过身体周围光的强度变化决定采取何种隐蔽防范措施。另外，这些微透镜还会对光产生不同的反射、折射。白天，全光谱的光照射在海星上，所以产生斑斓的色彩，而到了晚上，由于光线有限，海星产生不同的色彩。在天敌接近时，它还能通过改变自身颜色达到迷惑“敌人”的目的。

牙齿为什么会这么硬？

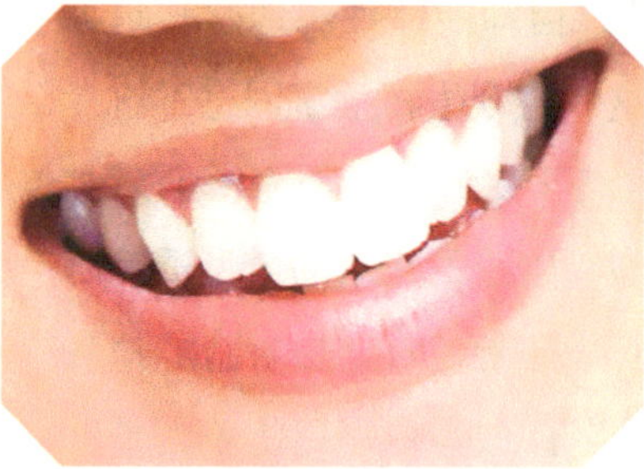

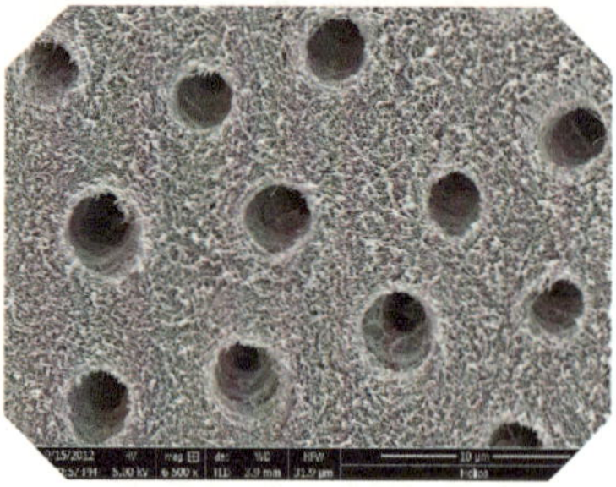

扫描电镜下放大 6500 倍的牙本质

釉梭（牙纵断磨片，箭头所示）

小贴士

牙齿是一种在很多脊椎动物上存在的结构，是人类身体最坚硬的器官。人的牙齿之所以具有很高的强度，是因为它是由磷酸钙等纳米阵列构成的。同样地，由纳米晶粒构成的金属要比传统的粗晶粒金属硬3 ~ 5倍。根据仿生原理，金属-陶瓷复合纳米材料则可在更大的范围内改变材料的力学性质，其应用前景十分宽广。

鸭子羽毛不沾水

羽毛结构图

鸭、鹅的羽毛交叉排列，形成紧密的网络结构，毛和毛之间的空隙非常小，都在纳米尺度，浸水后形成的水膜表面张力非常大，因此，水分子不会穿过羽毛而黏附在身上。而且，在寒冷的冬天里，因为有缺乏空气流动性的羽毛保暖，鸭子和鹅快快乐乐地戏水，也不会冷呢！

博士哥哥，鸭、鹅羽毛不沾水的秘密是什么呢？

小贴士

为什么羽绒那么轻，还能那么好地保温?

因为羽绒具有三维结构，所以它能够“膨胀”。与同样重量的其他人造材料相比，羽绒的细丝能“锁住”更多的空气。每一盎司（1 盎司≈ 28.35 克≈ 0.57 两）的羽绒大约有 2000000 根细丝，这些细丝相互重叠和交织，构成了一个可以通过“锁住”空气来保温和隔热的保护层。

螃蟹为什么会横行？

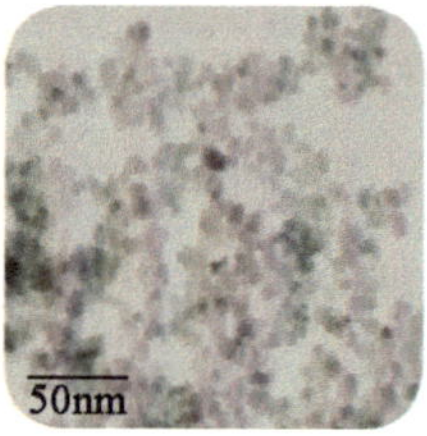

螃蟹体内的磁小体

博士哥哥，螃蟹横着走，显得很酷的样子，可它为什么会横着走呢？

在螃蟹的第一对蟹角里有用于定向的磁性纳米颗粒，就像小小的指南针。其实，螃蟹的老祖先也曾堂堂正正地前进后退，只是亿万年来，地球磁场发生多次剧烈倒转，使得螃蟹体内的小磁针处于严重的混乱状态，完全失去原先的定向作用，最后使它们失去了前后移动的能力，变成必须“横行”天下了！

小贴士

研究表明，包括蜜蜂、海龟等在内的许多生物体内都存在着纳米尺寸的磁性颗粒。这些磁性纳米颗粒对于生物的定位与运动行为具有重要意义。最新的科学研究发现，蜜蜂的腹部存在着磁性纳米粒子，这种磁性的纳米粒子具有类似指南针的功能，蜜蜂利用这种“罗盘”来确定其周围环境，利用在磁性纳米粒子中存储的图像来判断方向。当蜜蜂采蜜归来时，实际上就是把自己原来存储的图像和所见到的图像进行对比，如果两个图像一致，那么就是到自己的蜂巢了。利用这种纳米磁性颗粒进行导航，蜜蜂可以完成数公里的旅程。

轻功水上漂

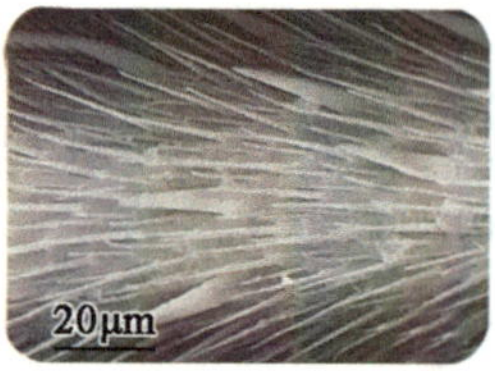

水黾腿部微观结构

博士哥哥，武侠小说中有“水上漂”的轻功，现实生活中有这种例子吗？

樱桃小妹，自然界中有一种常见的生活在池塘、河流和溪水表面的昆虫——水黾，它能够毫不费力地站在水面上，并能快速地移动和跳跃。用环境扫描电子显微镜观察发现，水黾的腿部末端具有丰富的微纳米结构组织，形成气、液、固三相界面，使浮力的总和大于重力。总之，这是水黾利用其腿部特殊的微纳结构与其表面油脂的协同效应实现的。

小贴士

水黾属于水生半翅目类昆虫。水黾的种类不同，大小也不一样，一只中等大小的水黾重约 30 毫克，水黾的腿能排开 300 倍于其身体体积的水量，这就是这种昆虫所受浮力非凡的原因。在高倍显微镜下发现，水黾腿部有数千根沿同一方向排列的多层微米尺寸的刚毛。这些像针一样的刚毛的表面上形成螺旋状纳米结构的沟槽，吸附在沟槽中的气泡形成气垫，这些气垫阻碍了水滴的浸润，宏观上表现为水黾腿的超疏水特性（即超强的不沾水的特性）。正是这种超强的负载能力使得水黾在水面上行动自如，即使在狂风暴雨和湍流中也不会沉没。

色彩斑斓的蛋白石

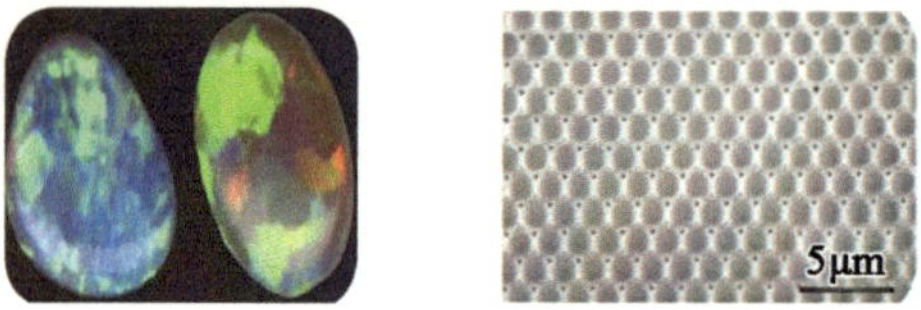

天然蛋白石及其微观结构

小贴士

蛋白石是天然的硬化的二氧化硅胶凝体，含5%~10%的水分。蛋白石与多数宝石不同，它属于非晶质，会由于宝石中水分的流失，逐渐变干并出现裂缝。在矿物学中，蛋白石属于蛋白石类，是具有变彩效应的宝石。

三、神奇的纳米材料

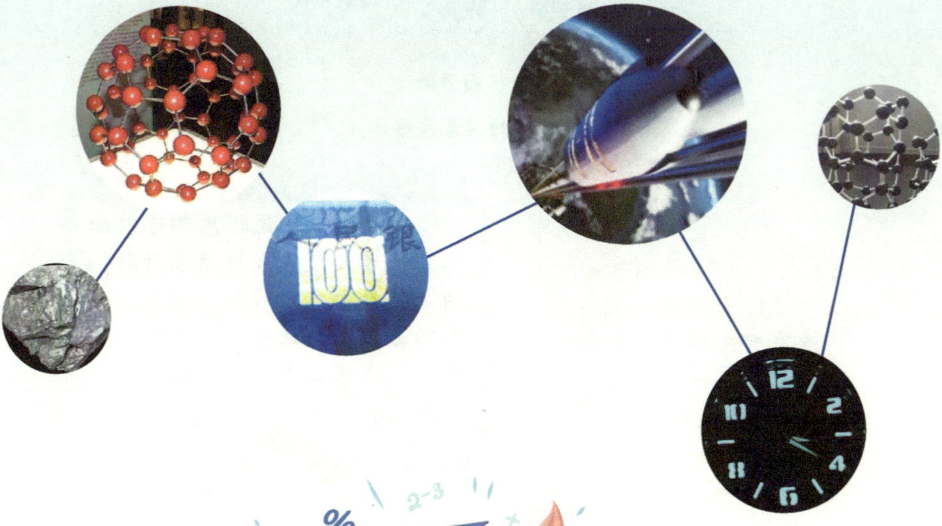

纳米材料中的明星

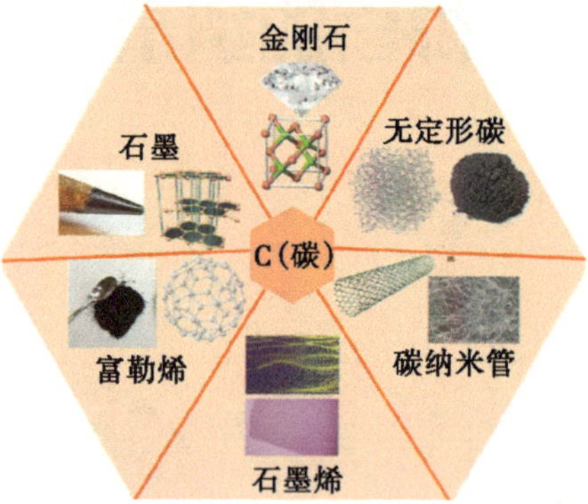

碳的同素异形体

博士哥哥，究竟有哪些纳米材料啊？这些材料有什么神奇之处呢？

理论上，任何物质都可以加工到纳米尺度，成为纳米材料。纳米材料中有几种明星材料，如富勒烯、碳纳米管、石墨烯、量子点、纳米二氧化钛、纳米四氧化三铁等。

小贴士

碳的同素异形体指的是纯碳元素所能构成的各种不同的分子结构，主要有以下几种：

石墨

钻石（金刚石）

富勒烯（又叫巴基球或足球烯）

无定形碳（不是真的异形体，内部结构是石墨）

碳纳米管（把单层或多层的石墨烯卷成同轴圆管并两端封闭——中空富勒烯管）

石墨烯（厚度小于 10 个碳原子长的石墨片）

石墨炔（由 1，3- 二炔键将苯环共轭连接形成二维平面网络结构的全碳分子）

蓝丝黛尔石（与钻石有相同的键型，但原子以六边形排列，也被称为六角金刚石）

赵石墨（石墨与陨石碰撞时产生，具有六边形图案的原子排列）

汞黝矿结构（由于有七边形的出现，六边形层被扭曲到“负曲率”鞍形中）

纤维碳（小片堆成长链而形成的纤维）

碳气凝胶（密度极小的多孔结构）

碳纳米泡沫（蛛网状，密度是碳气凝胶的百分之一）

酷似足球的富勒烯

博士哥哥，我听说有一种很像足球的纳米材料，它真的存在吗？

是的，那就是富勒烯（fullerene），它是碳的一种同素异形体。任何由碳这一种元素组成，以球状，椭球状，或管状结构存在的物质，都可以被叫做富勒烯。富勒烯与石墨、石墨烯等结构类似，但石墨的结构中只有六元环，而富勒烯中存在五元环。

小贴士

1985 年罗伯特·科尔等人制备出了 C_{60}。1989 年，德国科学家霍夫曼和克拉其莫的实验证实了 C_{60} 的笼型结构。它的结构和建筑师富勒（Buckminster Fuller）的代表作相似，因此而得名。罗伯特·科尔（美）、哈罗德·沃特尔·克罗托（英）和理查德·斯莫利（美）因发现富勒烯而获得了 1996 年度的诺贝尔化学奖。

自然界也是存在富勒烯分子的。2010 年，科学家通过史匹哲（Spitzer）太空望远镜发现，在外太空中也存在富勒烯。在发现富勒烯之前，碳的同素异形体只有石墨、钻石、无定形碳（如炭黑和炭），它的发现拓展了碳的同素异形体家族。

万能球笼

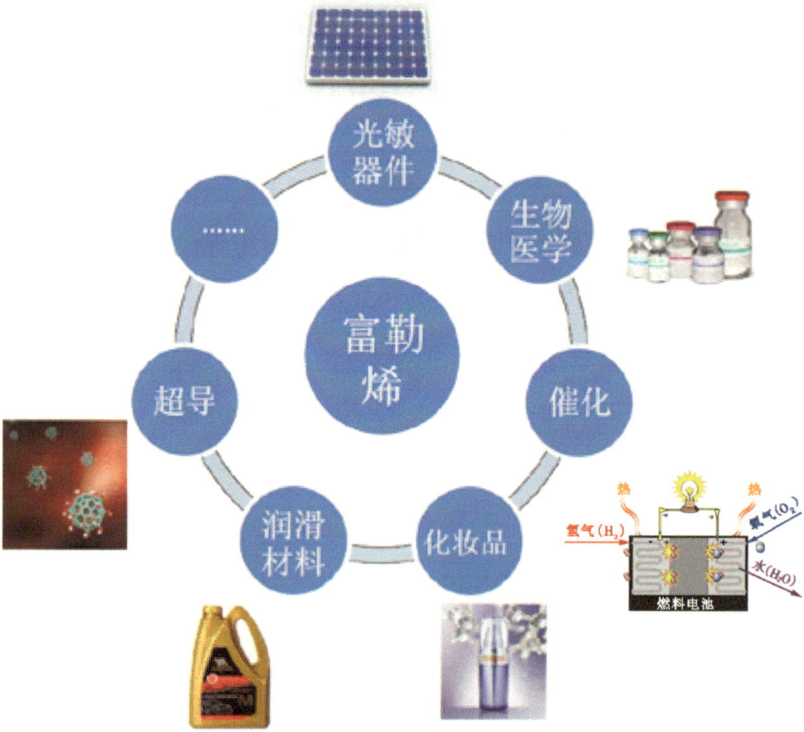

小贴士

科学与艺术之间是没有边界的，这在富勒烯上得到了充分诠释。富勒烯结构的确定借鉴了建筑上的结构，但富勒烯在材料领域的影响力则超越了建筑领域。富勒用六边形和少量五边形创造出的“宇宙中最高效率”的造型让三位化学家深受启发，让他们萌生这样一种设想：含有60个碳原子的簇“C_{60}”包含有12个五边形和20个六边形，每个角上有一个碳原子，这样的碳簇球与足球的形状相同。他们称这种新碳球C_{60}为“巴克敏斯特富勒烯”。

拉长的富勒烯——碳纳米管

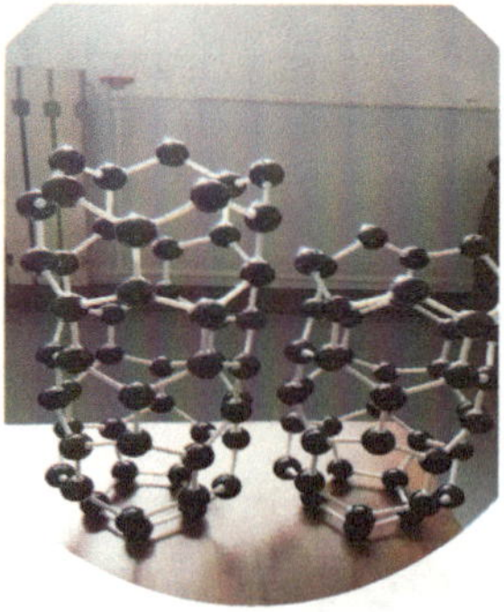

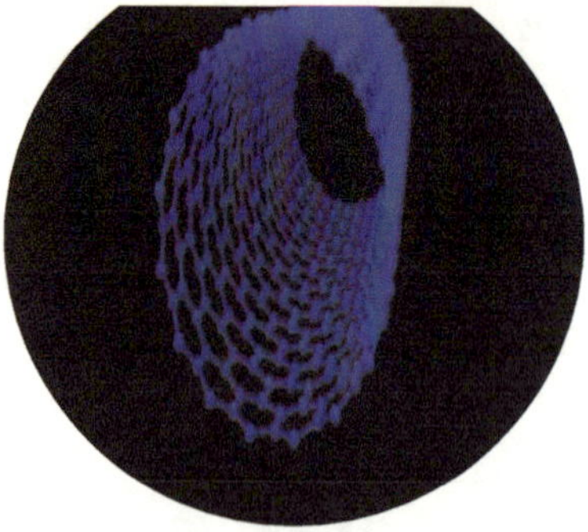

碳纳米管（巴基管）是单层、双层或多层的同轴圆管，管子主要由呈六边形排列的碳原子构成，是1991年日本电子公司（NEC）基础研究实验室的电子显微镜专家饭岛意外发现的。

博士哥哥，另一种碳纳米材料——碳纳米管，是不是用碳做的管子啊？

小贴士

在对富勒烯研究的推动下，1991 年一种更加奇特的碳结构——碳纳米管被日本 NEC 公司的饭岛博士发现并命名。此前，碳纳米管已经在一些研究中发现，只是由于当时缺少必要的表征手段，致使没有认识到它是一种新的重要的碳的同素异形体。早在 1890 年人们就发现，含碳气体在热的表面上能分解形成丝状碳。1953 年在 CO 与 Fe_3O_4 的高温反应中，也曾发现过类似碳纳米管的丝状结构。从 20 世纪 50 年代开始，人们发现石油化工厂和冷核反应堆存在积炭问题，也就是碳丝堆积的问题，通过其生长机理的研究，在这些用有机物催化热解的办法得到的碳丝中发现有类似碳纳米管的结构存在。在 20 世纪 70 年代末，新西兰科学家发现在两个石墨电极间通电产生电火花时，电极表面生成小纤维簇，电子衍射实验发现其壁由类石墨组成，也就是说，实际上已经观察到多壁碳纳米管了。

碳纳米管以层数还是形状来分？

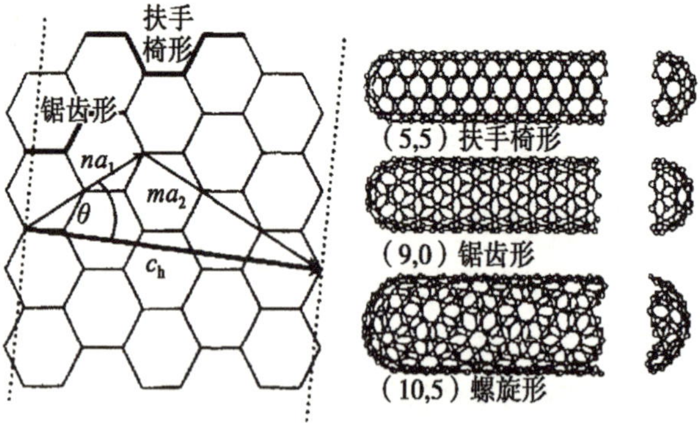

小贴士

多壁碳纳米管在开始形成的时候，层与层之间很容易成为陷阱中心而捕获各种缺陷，因而多壁管的管壁上通常布满小洞样的缺陷。与多壁管相比，单壁管直径的分布范围窄，缺陷少，具有更高的均匀一致性。单壁管典型直径为0.6~2nm；多壁管最内层直径可达0.4nm，最外层直径可达数百纳米，但典型的最外层管径为2~100nm。

碳纳米管的手性指数（n，m）与其螺旋度和电学性能等有直接关系，习惯上$n \geqslant m$。当$n=m$时，称为扶手椅形纳米管，手性角（螺旋角）为30°；当$n>m=0$时，称为锯齿形纳米管，手性角为0°；当$n>m \neq 0$时，称为手性碳纳米管。

还可以根据碳纳米管的导电性质将其分为金属型碳纳米管和半导体型碳纳米管：当$n-m=3k$(k为整数)时，碳纳米管为金属型；当$n-m=3k \pm 1$时，碳纳米管为半导体型。

按照是否含有管壁缺陷可以分为完善碳纳米管和含缺陷碳纳米管。

按照外形的均匀性和整体形态可分为直管形、Y形、蛇形碳纳管及碳纳米管束等。

碳纳米管与富勒烯——李逵还是李鬼

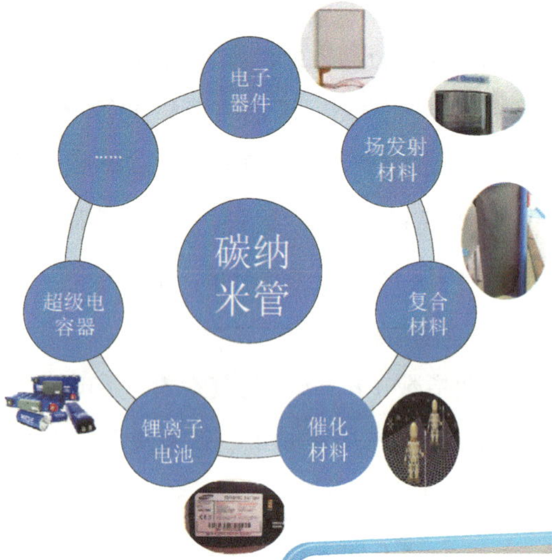

博士哥哥，碳纳米管和富勒烯有什么区别啊？

碳纳米管和富勒烯的结构类似，造成二者有相似的性质，但是也有区别，譬如碳纳米管长径比大，可以起到类似纤维的增强效果。

小贴士

碳纳米管可以用作模具。把金属、氧化物等灌到碳纳米管里，再把碳层腐蚀掉，就可以制备出纳米尺度的导线，或者全新的一维材料，它们有望在未来的分子电子学器件或纳米电子学器件中得到应用。此外，碳纳米管本身也可以作为纳米尺度的导线，因此，可以利用相关的制备技术将碳纳米管做到硅芯片上，用来生产更加复杂的电路。

除了用在微纳电子方面外，碳纳米管还可以做成性能优异的复合材料。例如用碳纳米管作为增强材料的塑料，其力学性能优良、导电性好、耐腐蚀、能屏蔽无线电波；使用水泥做基体的碳纳米管复合材料具有耐冲击性好、防静电、耐磨损、稳定性高、不易对环境造成影响的特点；碳纳米管增强陶瓷复合材料强度高、抗冲击性能好。碳纳米管由于存在五元环的缺陷，因此有较强的反应活性，在高温和其他物质存在的条件下，碳纳米管容易在端面处打开，形成一个管子，极易被金属浸润，进而与金属形成金属基复合材料。这样形成的材料强度高、模量高、耐高温、热膨胀系数小、抗热变性能强。

碳纳米管还给物理学家提供了研究毛细现象时会用到的最细的毛细管，给化学家提供了进行纳米化学反应时会用到的最细的试管。科学家发现，碳纳米管上的微粒可以引起碳纳米管在电流中的摆动频率发生变化。利用这一特性，巴西和美国科学家于1999年发明了精度在 10^{-17} 克的“纳米秤”，能够称量单个病毒的质量。随后，德国科学家研制出能称量单个原子的“纳米秤”。

可以登月的太空梯

博士哥哥，我听说碳纳米管可以用来制造太空梯，是真的吗？

樱桃小妹，人类每次登月都要使用航天飞机，会消耗大量的燃料，建造航天飞机的成本也很高。科学家提出了很多解决方案，其中之一就是从月球到地球建造升降机，它可以大幅度降低登月的成本。设计太空升降机的根本目的是使人们能够源源不断地把物质从地球表面运送到太空。为此，升降机的缆绳必须有非常高的强度/密度比。如果材料的密度跟石墨接近，强度需要达到 65~120 吉帕。碳纳米材料是目前唯一的可选材料。其他材料自重就会把缆绳拖垮。

制造成本对比

	有效载荷	每公斤成本
穿梭机	22700 公斤	~5000 美元
升降机	连续	~500 美元

几种备选材料的性能对比

材料	屈服强度 / 兆帕	极限强度 / 兆帕	密度 /(克 / 立方厘米)
钢，ASTM A514	690	760	7.8
凯夫拉尔（Kevlar ）纤维	3620	—	1.44
碳纳米管	—	62000	1.34

切开的碳纳米管——石墨烯

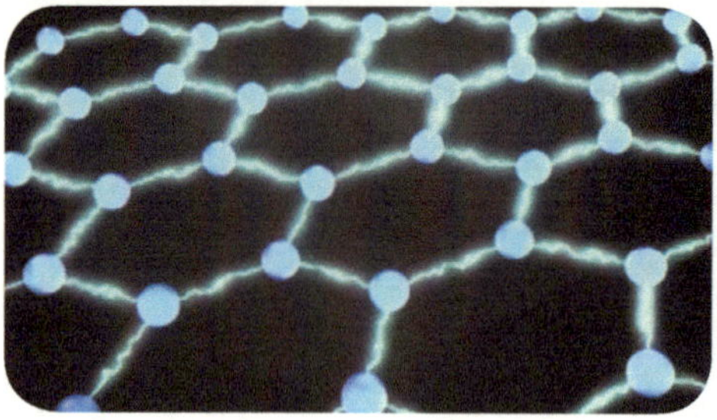

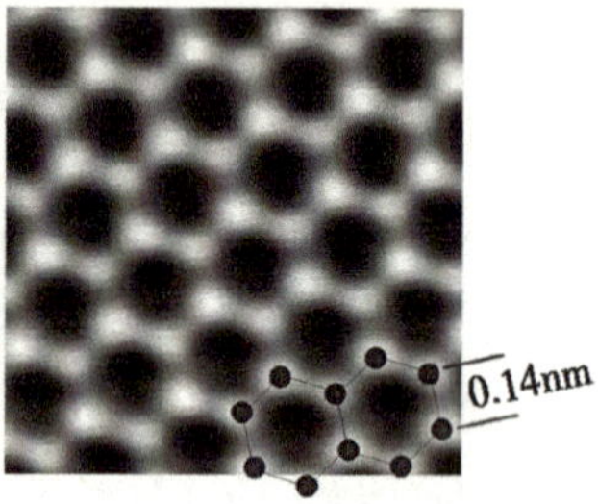

樱桃小妹，这种材料你也制造过，只是你自己不知道而已。我们每个人都有使用铅笔的经历，但几乎没有人意识到，当我们用铅笔在纸上留下字迹的同时，也不知不觉地制造出了很有可能在不久的将来改变人类生活的新材料，这就是目前科学界最热门的材料——石墨烯。从形态上看，它就像一个被切开并平铺的碳纳米管。

博士哥哥，什么是石墨烯啊，听说最近这种材料很火爆？

小贴士

石墨烯（graphene）是一种二维碳材料，可以分为单层石墨烯、双层石墨烯和多层石墨烯。最薄的石墨烯由单层碳原子网构成，是人类已知的最薄材料，电子在其中能高速运动。单层石墨烯具有完美的二维晶体结构，它的晶格是由六个碳原子围成的六边形，厚度为一个原子层。碳原子之间由 σ 键连接，结合方式为 sp^2 杂化，这些 σ 键赋予了石墨烯极其优异的力学性质和结构刚性。在石墨烯中，电子可以高速运动，其原因在于每个碳原子都有一个未成键的 p 电子，在近似平面的空间上组成了超级大 π 键，这些 p 电子可以在这个超级大 π 键上自由移动，且运动速度最高可达光速的 1/300，这种特殊的结构赋予了石墨烯良好的导电性，其性能远优于硅和铜等传统的半导体和导体。在传统的半导体和导体组成的电脑芯片中，会由于电子和原子的碰撞，导致不得不以热的形式释放能量，2013 年中一般的电脑芯片以这种方式浪费了 72%~81% 的电能，而石墨烯则不同，它的电子能量不会被损耗，这使它具有了非同寻常的优良特性。

铅笔下的诺贝尔奖

安德烈·杰姆

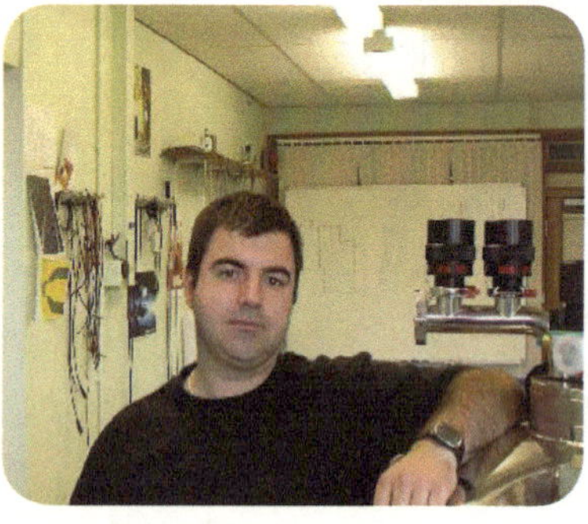

克斯特亚·诺沃肖洛夫

博士哥哥，石墨烯是怎么发现的呢？

2004年英国曼彻斯特大学的两位科学家安德烈·杰姆和克斯特亚·诺沃肖洛夫在实验室中发现能够用一种看起来非常简单的方法制备石墨薄片。这以后，科学家发现石墨烯的多种优良性能，并发现可以有很多潜在的应用。从研究的深度和广度来看，石墨烯及其应用进入工业化生产已经为时不远了。2010年，二人因为对石墨烯的贡献，获得了诺贝尔物理学奖。

小贴士

制备石墨烯常见的方法为机械剥离法、氧化还原法、SiC外延生长法和化学气相沉积法。除了上述几种方法外，还有其他方法，主要有电弧放电法、高温淬火法、碳纳米管剥开法、离子注入法、高温高压生长法、爆炸法以及有机合成法等等。

机械剥离法是利用物体与石墨烯之间的摩擦和相对运动，得到石墨烯薄层材料的方法。这种方法操作简单，得到的石墨烯通常保持着完整的晶体结构，但是得到的片层小，生产效率低。获得诺贝尔奖的两位科学家就是靠这种方法得到石墨烯的：第1步，从高定向热解石墨中剥离出石墨片；第2步，将剥离出的薄片两面都粘上一种特殊的胶带，就像三明治的结构；第3步，撕开胶带，石墨片一分为二。不断地重复第2步和第3步，就可以获得越来越薄的石墨片。最后，他们得到了仅由一层碳原子构成的薄片，这就是石墨烯。

新材料再战江湖

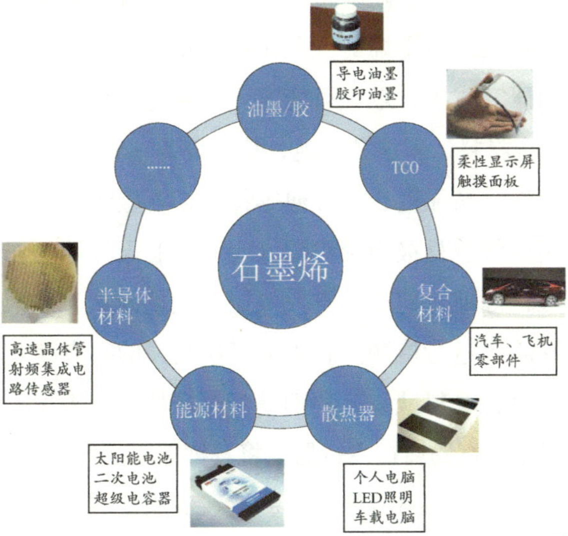

博士哥哥，石墨烯有什么用途啊？

石墨烯与碳纳米管、富勒烯的结构类似，造成三者有相似的性质，应用极为广泛，譬如说添加到电池中，由于电子可以高速运动，可以显著提高充放电速度；导热性极好，可以用作散热材料；轻质高强的特性可以使它在复合材料中大有用武之地……

小贴士

随着制备工艺的改进，缺陷多、批量化生产难以及尺寸大等难题逐步被突破，石墨烯的产业化应用步伐进入加速阶段，基于已有的研究成果，最先可能实现商业化应用的领域是航空航天、复合材料、新能源电池、移动设备领域。

由于高导电性、高强度、超轻薄等特性，石墨烯在航天军工领域的应用优势也是极为突出的。应用于航天领域的石墨烯传感器能够很好地对地球高空大气层的微量元素、航天器上的结构性缺陷等进行检测。石墨烯轻质高强的特点使它非常适合飞机用复合材料减重，特别是对超轻型飞机来说，简直是福音，因此，石墨烯在飞行器上将发挥重要的作用。

由于具有非常好的润滑特性，石墨烯在节能领域有广阔的应用空间。研制出的石墨烯发动机油节能改进剂，对不同种类的小型车、大型车、汽油发动机、柴油发动机进行了历时 1 年半共计 99 万公里行驶里程行车试验。试验表明：实测中所有车辆动力性能均有提升，汽车节油量可达 10%。

另一方面，新能源电池也是石墨烯最早商用的一大重要领域。表面附有石墨烯纳米图层的柔性光伏电池板，可显著降低制造透明可变形太阳能电池的成本，这种电池有望在夜视镜、相机等小型数码设备中应用。另外，石墨烯电池的成功研发，也将在一定程度上解决新能源汽车电池的容量不足以及充电时间长的问题。

碳家族的新成员——石墨炔

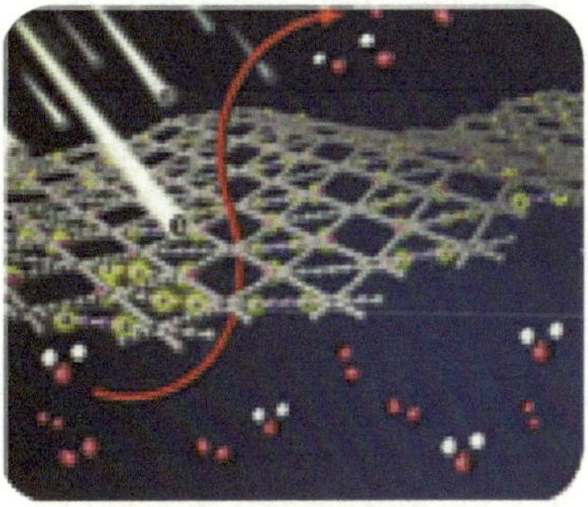

氮掺杂石墨炔电催化 ORR 机理示意图

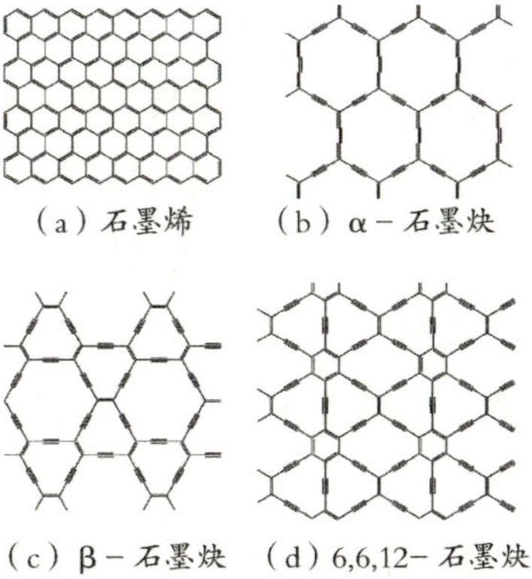

石墨烯与石墨炔结构对比示意图

小贴士

石墨炔是构成下列碳同素异形体的基本单元：石墨、木炭、碳纳米管、石墨烯和富勒烯。近20年来，科学家们一直致力于通过发展新的方法来发现/合成碳的新的同素异形体，探索其新的性能。在不懈的努力下，富勒烯、碳纳米管和石墨烯等先后被发现。这些研究工作成为国际学术研究的前沿和热点，并形成了交叉学科的独立研究领域。石墨炔是碳原子以sp、sp^2和sp^3三种杂化态混合形成的新的碳同素异形体，它最有可能成为人工合成的而非天然的碳同素异形体，中国科学家第一个合成了它。石墨炔和石墨烯都是单个碳原子厚的平面碳材料，不同的是，石墨烯是蜂巢晶格结构，而石墨炔具有数种不同的二维结构。

石墨炔薄膜具有较高的有序度和较少的缺陷，薄膜电导率为10^{-3}~10^{-4} S /m。石墨炔具有优良的化学稳定性和半导体性能。石墨炔的发现，使得已经受到国际科学界高度重视的碳材料“家族”又诞生了一个新的成员。石墨炔特殊的电子结构使它在电子、光电材料以及能源材料等领域具有潜在的、重要的应用前景。在催化领域，氮掺杂石墨炔具有非常优异的氧还原催化活性，已经与商业化铂/碳材料相当，且具有更好的稳定性能以及更好的抗甲醇干扰性能，因此可望替代贵金属铂系催化剂，这具有重要的意义。

为什么手表晚上能发光?

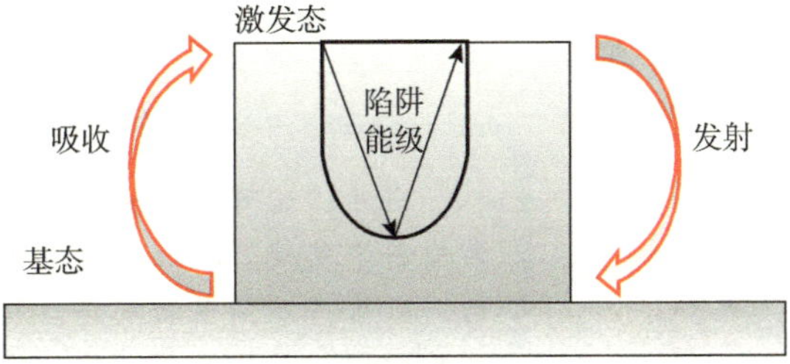

长余辉发光示意图

夜光手表

未经阳光照射

经阳光照射半小时后

长余辉稀土发光纳米材料

博士哥哥，我的手表夜里能够发光，这是什么原理呢？夜光表能用纳米材料来做吗？

当然，这可以用长余辉稀土发光纳米材料来实现。其原理是电子被激发以后，从基态跳到了激发态，没站稳就掉到陷阱中，放出光子；然后吸收能量再跳上来，还没站稳又掉下去，再发射光子。由于跳上去需要的能量比基态跃迁到激发态要小很多，所以可以反复跃迁，发射光子，一直能够发光，直到能量耗尽，不足以从陷阱里再跳上来为止。

小贴士

长余辉稀土发光材料简称长余辉稀土材料，它是一类吸收太阳或人工光源所产生的光后发出可见光，而且在移除光源后仍可继续发光的物质。稀土长余辉材料不消耗电能，可以吸收储存自然光，在黑暗中呈现明亮可辨的可见光，具有照明功能，且无毒无害无辐射，是一种储能节能的清洁“低碳”材料。稀土长余辉荧光体是在硫化物、碱土铝酸盐和硅酸盐荧光体的基质中添加上二价的稀土铕和镝等做成的长余辉荧光体，余辉可达 12 个小时以上。

人民币防伪

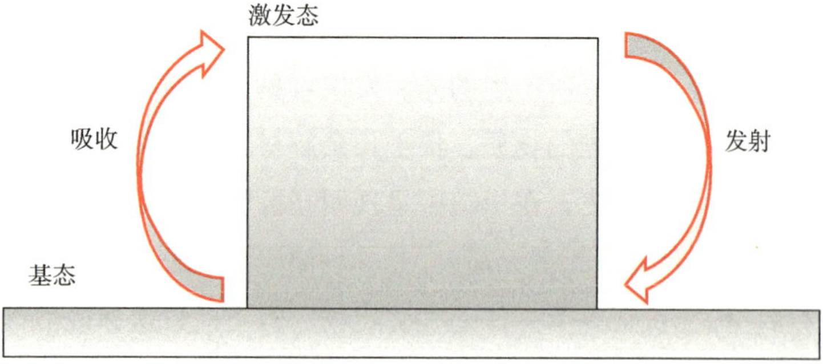

短余辉发光示意图

紫外灯照射下的人民币

博士哥哥，我最近很郁闷，我去买课外书，收到了一张假币，你能告诉我辨别的方法吗？

樱桃小妹，辨识假币的方法有很多，其中有一种就是用紫外灯照射后产生的荧光来判别。其原理是短余辉材料的电子被激发以后不稳定，以荧光的形式释放能量，同时自己回到基态。它不像长余辉材料那样存在陷阱，一次激发后可以反复放出光子。

小贴士

短余辉稀土荧光纳米发米材料属于荧光材料的一种，这类材料在吸收了一定波长的光（称为入射光，通常为紫外光或 X 射线）后，立即向外发出不同于入射光波长的光（通常在可见光波段），发出的光称为荧光。当入射光消失后，荧光材料就会立刻停止发光。

四、身边视而不见的纳米产品

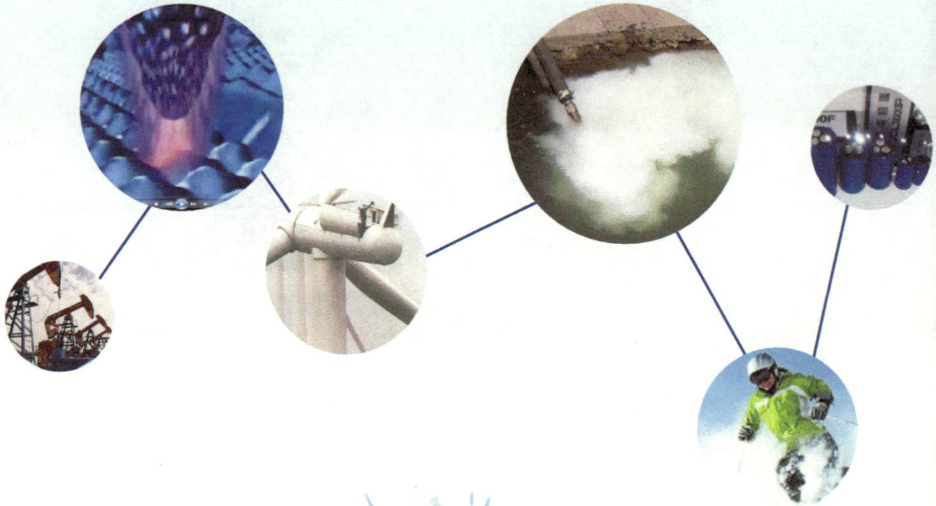

神通广大的纳米科技

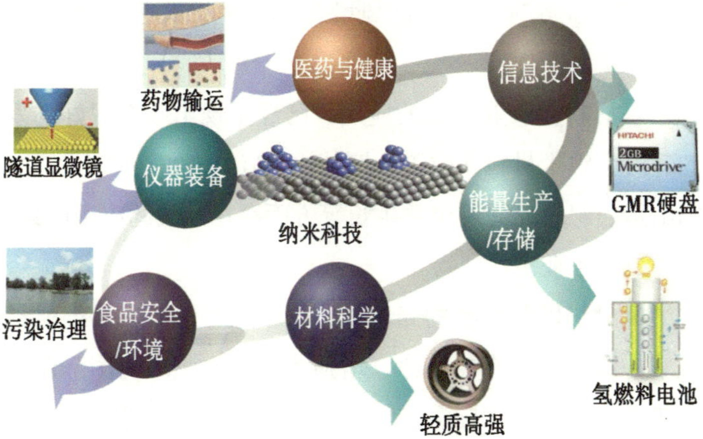

医药与健康
信息技术
药物输运
隧道显微镜
仪器装备
纳米科技
能量生产/存储
GMR硬盘
HITACHI
2GB
Microdrive
污染治理
食品安全/环境
材料科学
氢燃料电池
轻质高强

博士哥哥，现代产品炒作的比较多，有真正意义上的现代纳米产品吗？
樱桃小妹啊，你这么说就有些片面了，你整天关心自己的体重，自然就对科学技术的进展关心得少了。其实我们生活中已经有很多纳米科技的产品，只是它们没有标上纳米的标签，我们对它们了解不多罢了。

小贴士

随着纳米科技研究的不断深入，纳米科技与信息、生物医药、能源、环境、传统产业等的结合范围急剧增大，渗透到工农业生产的各个方面。

（一）农业生产

纳米材料在农业方面的应用，已经呈现出一个很好的发展趋势。实际上，纳米材料在改善土壤结构、防治植物病虫害、植物仿生、植物冶金、肥料、促进植物生长等方面存在广阔的应用前景。

（二）工业生产

纳米材料以其特有的光、电、热、磁等性能为传统材料的发展带来一次前所未有的革命，增强我国材料领域的国际竞争力，有助于改变我国在国际分工中的不利地位，将促进我国传统产业的升级换代，促进我国由材料大国向材料强国转变。

（三）健康医疗

生物医学的不断进步，一方面是源于人类对社会进步和健康事业发展的不断需求，另一方面得益于其他学科发展所带来的许多新概念、新思想和新方法、新材料、新器件以及相关技术的推动。纳米科学技术与生物医药学的结合，正在迅速发展成为新的科学研究前沿和热点，并将会对未来生物技术和医药产业产生重大影响。

（四）信息领域

随着信息时代的到来，对微电子技术提出了更高集成度、更高速、更低功耗的要求，在这种需求的推动下，现今微电子加工技术已从深亚微米进入了纳米尺度。随着信息技术的发展，加工尺寸还将不断向 10 纳米、8 纳米甚至更小尺度延伸。

纳米科技的手和眼

博士哥哥，原来是这样啊，纳米粒子那么小，用什么能看到，怎么加工啊？

樱桃小妹啊，“工欲善其事，必先利其器”，中国古人的思想在现代仍然闪光，纳米科技的发展，在1982年以前是很缓慢的，究其原因，就是缺乏相应的工具，自从有了扫描隧道显微镜，纳米科技就有了手和眼，人们不仅能看见纳米材料，还可以用它对这些材料进行操纵，排列出需要的结构。从此，纳米科技进入飞速发展的阶段。

⇦ 扫描隧道显微镜的发明人：海因里希·罗雷尔（左）和格尔德·宾宁（右）

移动单个原子示意图 ⇨

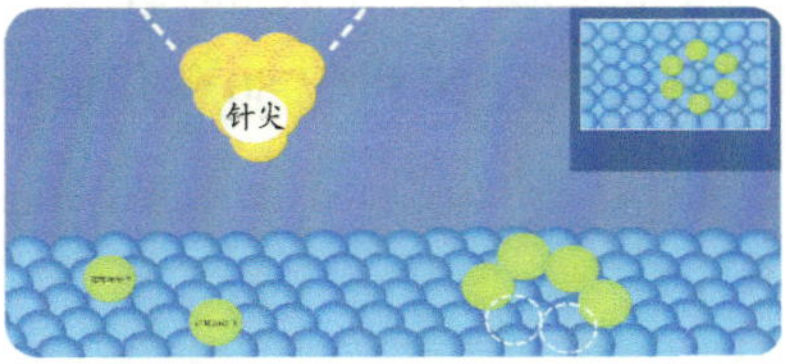

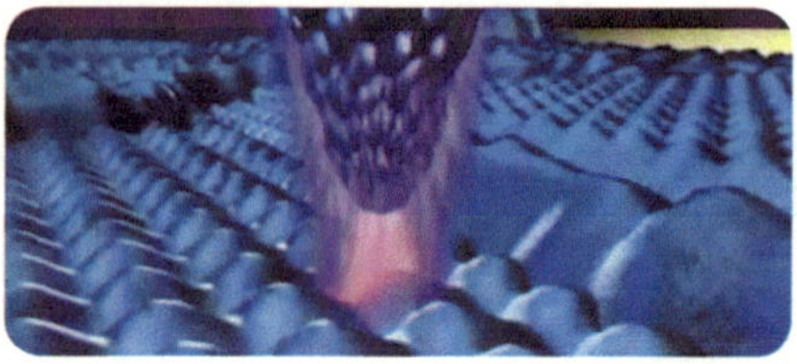

针尖和原子发生的作用力示意图

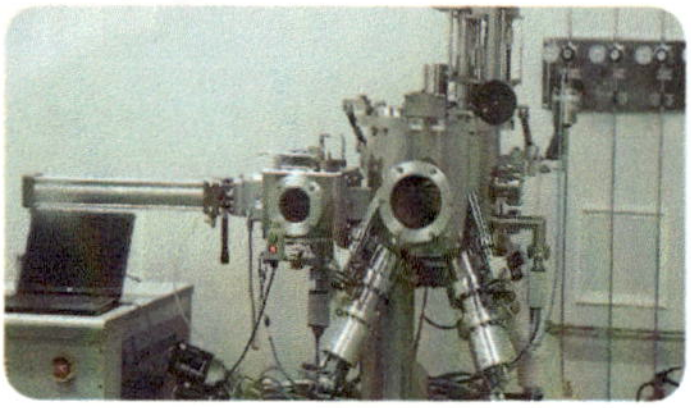

超低温扫描隧道显微镜

小贴士

扫描隧道显微镜英文缩写为STM，是一种利用量子理论中的隧道效应来探测物质表面结构的仪器。1981年，格尔德·宾宁和海因里希·罗雷尔在IBM位于瑞士的苏黎世实验室发明了该仪器，两位发明者因此与恩斯特·鲁斯卡分享了1986年的诺贝尔物理学奖。

STM使人类第一次能够实时地观察单个原子在物质表面的排列状态和与表面电子行为有关的物理化学性质，在表面科学、材料科学、生命科学等领域的研究中占有举足轻重的地位，被国际科学界公认为20世纪80年代世界十大科技成就之一。

跨入纳米时代了吗？

英特尔 Pentium 840EE

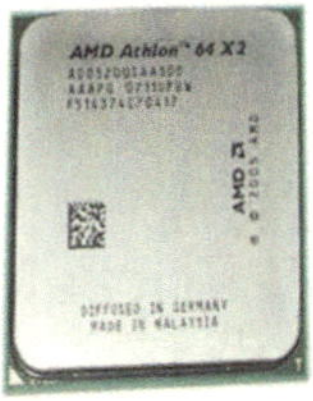

65 纳米工艺

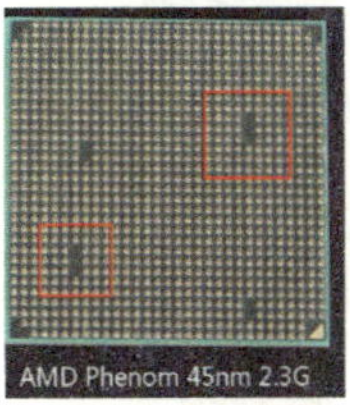

45 纳米工艺

32 纳米工艺

22 纳米工艺

14 纳米工艺

更小尺寸工艺

博士哥哥，照你这么说，我们已经进入纳米时代了？

好像是，又好像不是。其实我们身边已经有很多利用纳米科技制造的产品，只是人们视而不见罢了。微处理器就是一例。2000年以来，摩尔定律不断被应验，处理器加工的尺寸小到纳米级，英特尔公司先后推出了90纳米、65纳米、45纳米、32纳米、22纳米加工工艺的处理器，并且14纳米的产品也已推出。相应的加工技术，也由二维的晶体管加工升级到三维的晶体管加工，以达到提高集成度和运行速度，降低功耗和成本的目的。

小贴士

1946年2月14日诞生了世界上第一台电子数字计算机ENIAC（埃尼阿克，the Electronic Numerical Integrator and Calculator)。该计算机的最初设计方案是由36岁的美国工程师莫奇利于1943年提出的，计算机的主要任务是分析炮弹轨道。美国军械部拨款支持研制工作，并建立了一个专门的研究小组，由莫奇利负责，总工程师由年仅24岁的埃克特担任，组员格尔斯是位数学家，另外还有逻辑学家勃克斯。“埃尼阿克”共使用了18000个电子管、1500个继电器以及其他器件，总体积约90立方米，重达30吨，占地170平方米，需要用一间30多米长的大房间才能存放，是个地地道道的庞然大物。这台耗电量为140千瓦的计算机，运算速度为每秒5000次加法，或者每秒400次乘法，比机械式的继电器计算机快1000倍。但是现在的计算机只有B5纸那么大，这一切都得益于材料的发展和微纳加工技术的进步。

下一代内存的规格

博士哥哥，我明白了，那内存条是不是纳米产品呢？
樱桃小妹，你真聪明，内存条也是基于微纳米加工技术制造出来的，其难度和成本不同于中央处理器，所以有不同的发展节点，有更多尺寸规格的产品。

DDR1

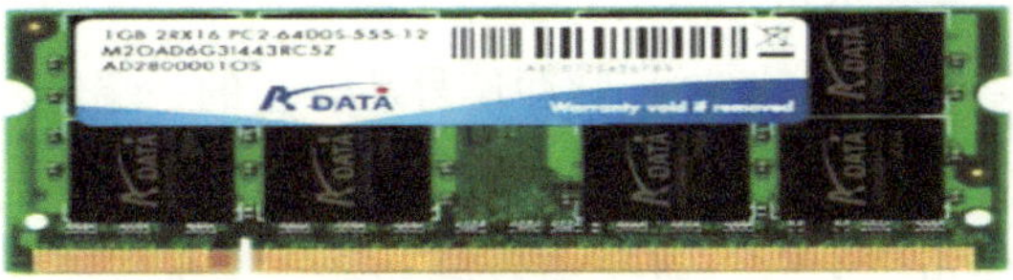

DDR2

DDR3

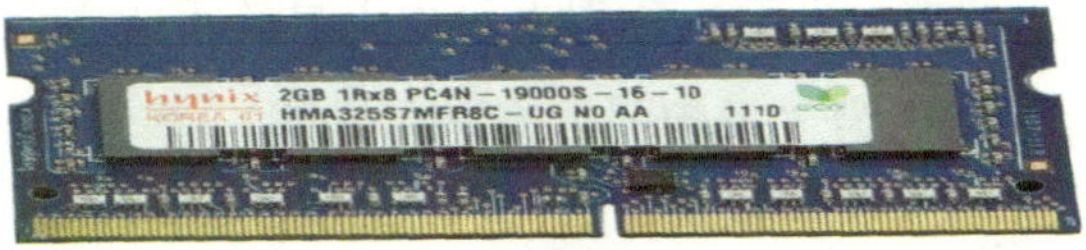

DDR4

DDR5

小贴士

1951 年 3 月，由 ENIAC 的主要设计者莫齐利和埃克特设计的第一台通用自动计算机 UNIVAC-1 使用了水银延迟线存储装置。该水银延迟线是一根直径为 1 厘米、长 150 厘米的管子，内部充满水银，两端各有一个转换器，分别进行电 - 声转换和声 - 电转换，这样，脉冲信号从管子的一端进入，转换成超声波，960 毫秒后超声波到达管子的另一端，然后再转换成电信号输出。不过，要实现存储功能，还需要一些额外的电路。一个延迟线电路称作一个通道（channel），每个通道可存储 10 个 91 位的字，差不多 1000 个脉冲，UNIVAC 系统中共有 100 个这样的通道。为了让存储系统稳定工作，水银的温度需要保持在 40℃左右，因此要把水银管放在一个类似混凝土搅拌机的容器中，容器中设置有加热器，用来加热水银管。

水银延迟线存储器可以称得上是史上最笨重的主存储器，因为水银管（又称为“汞槽”）充满了水银，每个汞槽的重量都超过一吨！

硬盘容量还能再大点吗？

容量为 6TB 的硬盘

微型电机和马达

计算机硬盘与电机

博士哥哥，最近我的计算机硬盘满了，能够用纳米技术生产出更大容量的硬盘吗？

樱桃小妹，没问题，新出的6T硬盘可以解决你的问题。这些硬盘在机箱里，平时看不到，它们可是用了最新的纳米技术啊。随着技术进步，硬盘越来越小，存储量却越来越大，关键是采用了纳米复合稀土永磁薄膜作为硬盘的记录介质，目前一个3.5英寸硬盘的存储容量已经可以达到6TB，随着技术的进步，更高容量的存储器必将问世。未来一块方糖大小的存储面积，可以容纳100个美国国会图书馆的藏书信息。

小贴士

世界上第一块硬盘是 IBM 的 System 305，产于 1956 年，用于 RAMAC 随机计算及控制存取方式存储数据。整个硬盘需要 50 个直径为 24 英寸、表面涂有磁浆的盘片。这个硬盘的容量仅为 5MB。世界上第一款硬盘机重量达到 1 吨以上，而现在的硬盘最小仅有 0.85 英寸，重量连 10 克都不到。在这一块小小的硬盘中，储存着庞大的数据，在读写的时候，磁头高速旋转，如果磁头与磁盘发生接触，就会引起很大的磨损，造成数据的丢失，因此，随着硬盘变小，相关驱动磁头运转的电机和马达也越来越小，相关的润滑技术和机械控制系统，也必然采用纳米技术。

1kB (kilobyte，千字节)=1024B=2^{10}B

1MB (megabyte，兆字节，简称“兆”)=1024kB

1GB (gigabyte，吉字节，又称“千兆”)=1024MB

1TB (terabyte，太字节，或百万兆字节)=1024GB

手机续航时间还能更长点吗？

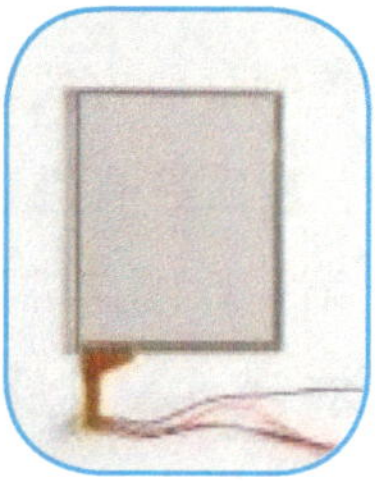

扬声器

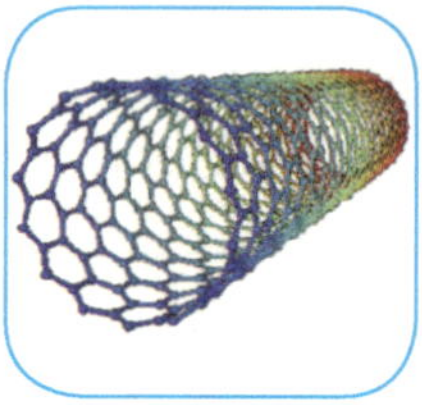

手机触摸屏

碳纳米管制作的大尺寸触摸屏

博士哥哥，除了这些在机箱内部的纳米产品之外，还有我可以经常看到的纳米产品吗？

当然，纳米产品也不是都看不到，大量国产手机的触摸屏就是采用碳纳米管制作的。电特性方面，在室温环境下，单层碳纳米管的载流子迁移率理论上为10万~20万$cm^2/(V\cdot s)$，实测值也达到3万$cm^2/(V\cdot s)$，是硅的20~100倍，这是其真正省电的原因。另外，这种薄膜还可以制成扬声器，播放出比高档音响效果更好的声音。

小贴士

日本科学家饭岛澄男于1991年首次发现碳纳米管。碳纳米管作为纳米材料中的明星材料，一经问世，就引起了全世界的关注，尤其是优异的电学性能，受到科技工作者的青睐，但一段时间以后，人们对这种明星材料开始失望，其原因是在生长碳纳米管的时候，通常有两种性质的碳纳米管共生，也就是金属性和半导体性，这两种类型材料性质的差异导致碳纳米管无法在电子器件中应用。但是直到2002年，才由我国科学家在世界上率先制备出超顺排（即半导体性）碳纳米管材料。这项技术被业内评价为“架起了一座联系纳米世界和宏观世界的桥梁”，也开辟了一条碳纳米管真正应用的道路。

碳纳米薄膜像烟一样轻，受人体表面散发的热影响，放在掌心都能自己飘动，在视觉上，它是只有几个原子加起来那么厚的薄膜，几乎是透明的。制作手机触摸屏的一片8英寸直径的碳纳米管原材料，只有0.3毫米厚、0.5克重，像抽纸一样可以抽出1600张手机触摸屏。因为实在太轻便了，从北京送到天津的工厂，甚至可以用快递公司送货。

此外，和古代只有中国出产的丝绸一样，这种精确排列获得的碳纳米薄膜，目前只有中国能量产。和目前制作触摸屏使用的稀有金属“铟”相比，碳纳米薄膜解决了金属“铟”储量不足的问题，也更加环保。生产原料就是甲烷这样的碳氢气体——没有金属矿石冶炼时的污染，也没有触摸屏加工过程中的蚀刻污染。超顺排碳纳米管材料除了可以直接制膜、拉丝外，在超细导线、瞬时加热器、超薄扬声器等多个领域也具有极其广阔的应用空间。

电纸书不伤眼吗？

博士哥哥，碳纳米管做成的显示器还真是个可以看到的纳米产品。我听说市面上有种卖得很火的电纸书，那个是纳米产品吗？

电纸书很像真的纸，不伤眼睛（与背光源的产品相比），强烈阳光下也可以看——对于没有高亮背光源的手机或平板电脑，这是肯定做不到的；并且超级省电，能待机一个月，这是由它的原理决定的：只有当画面改变的时候，才需要耗电。显示单元具有类似台湾珍珠奶茶里面珍珠的结构，胶囊里面包裹着带电荷的黑白两类粒子，当加上电压的时候，这些胶囊就会重新进行排列，形成一系列图案，当把电压去掉的时候，图案并不因为没电而改变，这就是其超级省电的奥秘。

传统纸张无法满足
网络时代信息要求

现有显示器体积
大、耗电多

新一代纳米电子显示器——集两者优势于一身
（尖端纳米技术与微胶囊技术的集成）

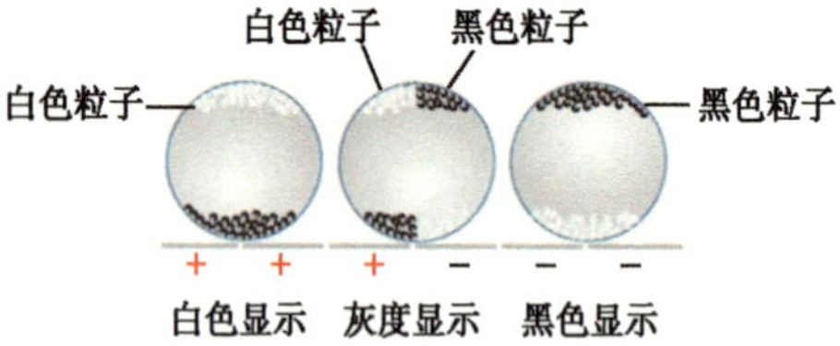

粉体型双稳态显示器示意图

小贴士

一般认为，电纸书特指使用 E-ink 显示技术，提供类似纸张阅读感受的电子阅读产品。它是一种采用电子纸作为显示屏幕的新式数字阅读器，可以阅读网上绝大部分格式的内容，比如 PDF、TXT、EPUB 等。与传统的手机、MID、UMPC 等设备相比，电纸书有辐射小、耗电低、不伤眼睛的优点，而且它的显示效果逼真，能够取得和传统纸质书接近的阅读效果。

彩色的电纸书

博士哥哥，我的电纸书是黑白的，现在有彩色的吗?
樱桃小妹，你的这个问题已经解决了，现在有彩色的电纸书问世了，不过价格不菲啊。此外，科学家还把电子纸用到了手机上，以满足超长待机的客户需要。

小贴士

彩色电纸书搭载的屏幕采用一种色彩逼真的低耗能显示技术。与传统黑白电子墨水显示屏的产品相比，它不仅支持彩色阅读，具有不伤眼、低功耗的特点，同时还可根据周围光照条件自动调节，使用户可在几乎所有环境下阅读，包括在明亮阳光下，为用户带来更舒适的阅读体验。其屏幕分辨率为 1024×768，显示细腻，可支持彩色电子杂志阅读，并且还能播放视频或浏览网页，功能强大。

彩色电纸书采用了 Mirasol 技术，单色 Mirasol 显示屏幕的 IMOD 可以呈现黑色和另外一种颜色。彩色 Mirasol 显示技术的呈色原理与之类似，不同的是每个 IMOD 像素包含红、绿、蓝 3 种颜色小像素，每个小像素的大小在 10~100μm 左右。每个映像点包含上方涂有半透明金属制薄膜的玻璃基板和位于基板下方的反射膜，玻璃基板和反射膜之间的空隙则构成了空气薄膜，以利于光线在其中反射。根据空气薄膜厚度的不同，小像素会显示出红、绿、蓝中的一种颜色。接通电源后，反射层会上下移动，从而改变像素的颜色。反射层上升并使空气薄膜厚度为 0 时，像素呈现黑色；反射层下降时空气薄膜厚度增大，像素呈现红、绿、蓝三色之一。

线路板工业能够更环保吗？

传统蚀刻

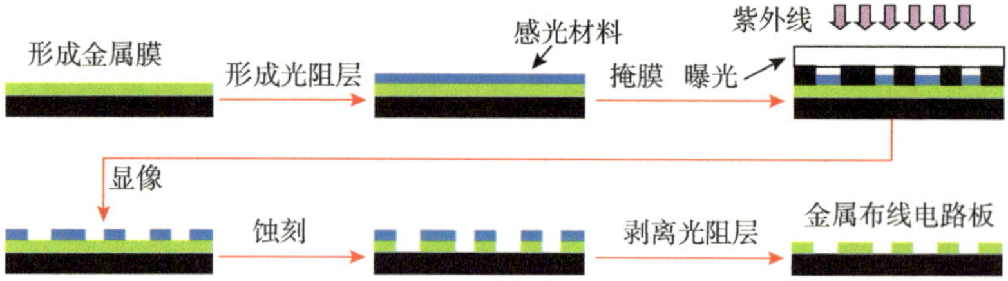

存在问题：

需曝光、显影，工艺繁琐，产生废料、废液，浪费资源；

多步洗版废液造成严重环境污染。

绿色打印

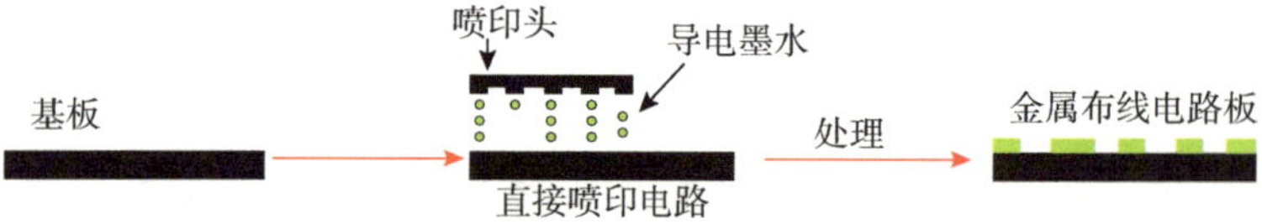

优势：

（1）绿色环保，资源节约；

（2）工艺简洁，成本降低；

（3）数字制造，简便快速；

（4）直写技术，适用范围广。

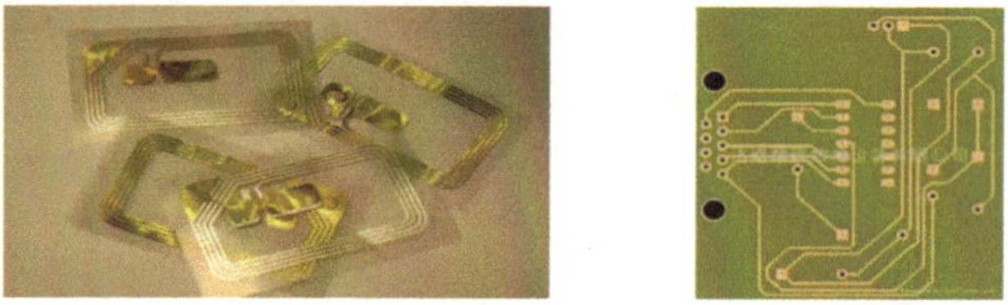

绿色打印产品：射频天线（左）和器件线路（右）

博士哥哥，这些都挺神奇的，我听说印刷线路板制造过程会产生大量的含铜废水，很难处理，能够用纳米技术解决吗？

现在的印刷线路板工业是很大的产业，但是在广东等地却处于被限制发展的境地，究其原因，就是印刷线路板在制造的过程中，需要经过多种电镀和蚀刻工艺，要用到多种强酸和强碱，造成其废水很难处理，对环境污染很严重。针对这一现状，科技专家提出了多种解决方案，采用新的绿色纳米印刷电子技术，是未来非常有发展前途的方式之一，它采用喷墨打印的方式，将导电墨水打印在线路板上，然后进行低温烧结，使墨水固化在基体上。该过程使工艺大为简化，显著节省了金属铜和其他试剂的用量，没有废液排放，对环境的影响降低到最小。目前单层板制造已经成功了，但多层板制造及速度尚存在瓶颈问题。

小贴士

印制电路板，又称印刷电路板、印刷线路板，简称线路板，常用英文缩写为 PCB（printed circuit board）或 PWB（printed wire board）。它以一定尺寸的绝缘板为基材，上面至少附有一个导电图形，并布有孔（如元件孔、紧固孔、金属化孔等），用来代替以往插装电子元器件的底盘，并实现电子元器件之间的相互连接。由于这种板是采用电子印刷术制作的，故被称为“印刷”电路板。按照线路板层数可分为单面板、双面板、四层板、六层板以及其他多层线路板。

传染病能够快速检测吗？

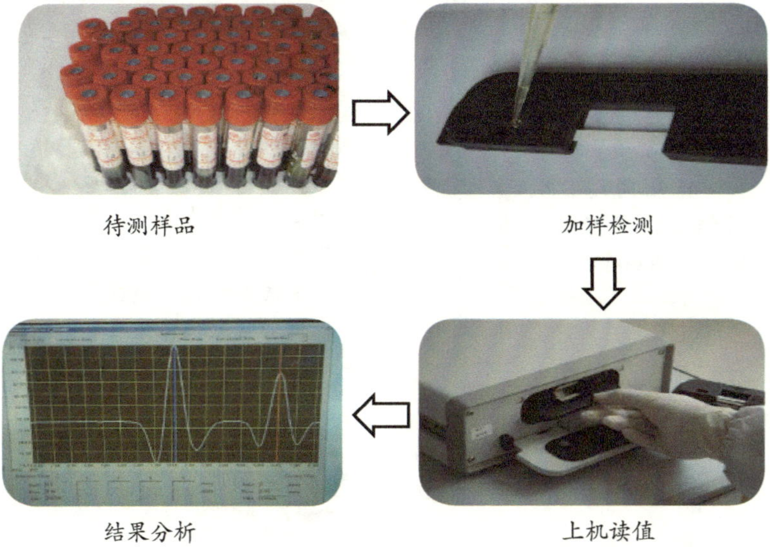

快速定量检测流程

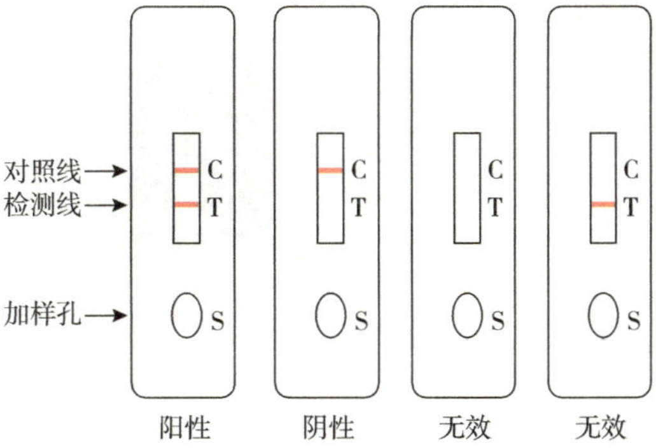

快速定性检测结果示意图

博士哥哥，利用纳米技术可以快速检测疾病吗？

樱桃小妹，像艾滋病这样的烈性传染性疾病，目前没有特效的治疗药物，防止暴发性传播的一个重要方法就是检测，但是目前临床应用的检测方法是基于酶联法进行的，虽然检测比较准确，但检测时间长（3天），成本高（300元）。用胶体金接上抗体，利用抗原和抗体的一对一反应，可以提高检测的准确率；利用胶体金的信号放大作用，可以提高检测灵敏度。由于检测用量大幅度减少，成本可以控制在1元左右，检测时间缩短为10分钟左右，该技术的大规模应用可以为控制烈性传染病的传播提供一个很好的解决方案。

小贴士

纳米金检测试纸是基于免疫层析原理的一种试纸，由于纳米金颗粒表面带有负电荷，它能够与蛋白质的正电荷基团牢固地结合，形成金标抗体或抗原，吸附在胶金垫上。将相应的抗原（或抗体）固定于硝酸纤维膜（NC 膜）的某一区带作为检测线（T 线）和对照线（C 线），当 NC 膜一端浸入样品（如尿液、血液、唾液等），借助毛细管作用，样品便会带着胶金垫上的金标抗原（或抗体）沿着NC膜向前移动，当移至 T 线和 C 线时，体系中的抗体与胶金垫上的抗原（或体系中的抗原与胶金垫上的抗体）特异性地结合，使胶体金在这一带聚集而显示出紫红色，从而实现检测。

纳米骨

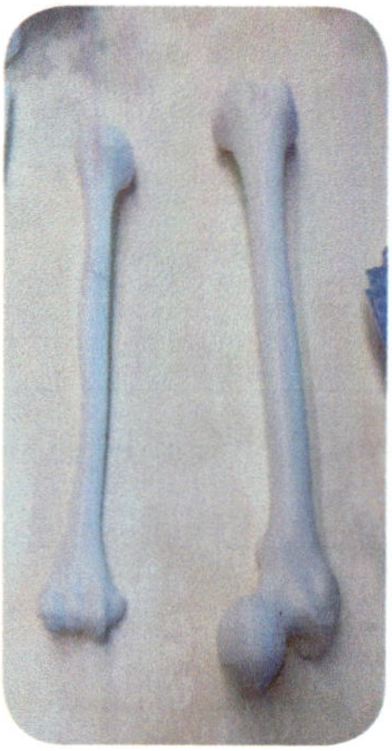

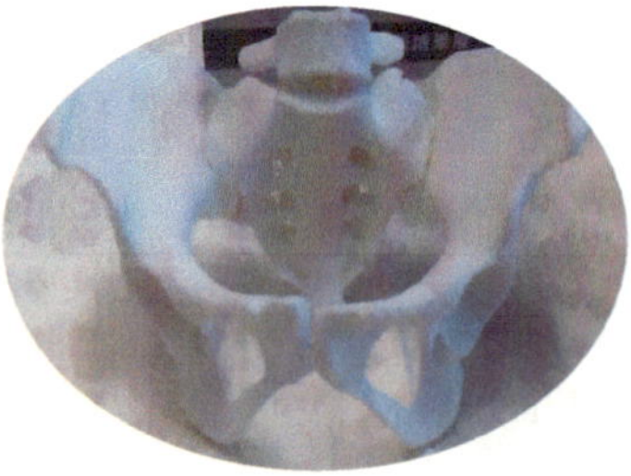

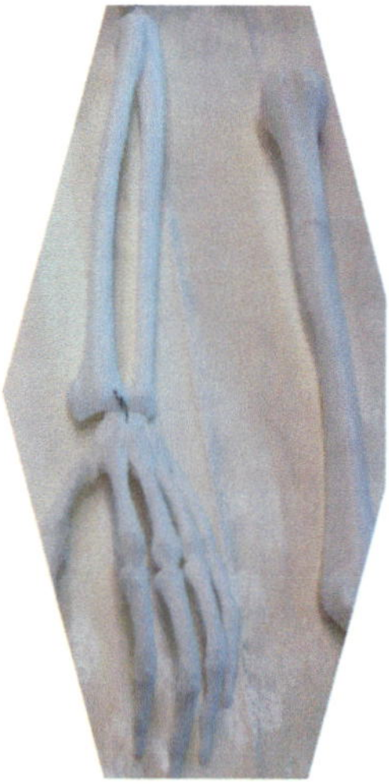

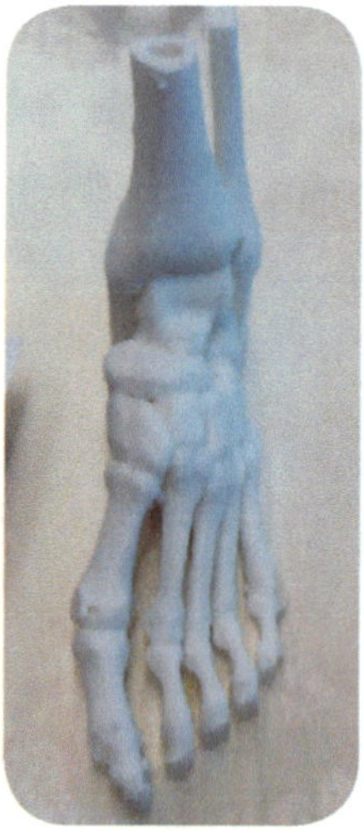

博士哥哥，听说有一种生物医用材料叫“纳米骨”，它有什么好处呀？

樱桃小妹，骨折病人的最大痛苦在于二次手术，即愈合后将固定的钢板拆出来。但利用纳米羟基磷灰石制作的人工骨，它的成分与自然骨很接近，可以跟人体的骨骼相融合，从而自然地被代谢掉，就可以使病人避免二次手术的痛苦。

小贴士

纳米人工骨的用途非常广泛：如外伤造成的骨折，由于创伤、感染造成的骨质缺损、骨质不连接或畸形愈合，腰椎管减压手术之后的腰椎固定和骨愈合，还有骨肿瘤等骨病变，甚至骨质疏松，都可以植入纳米人工骨帮助愈合和提高骨的硬度。根据不同的需要，现在的纳米人工骨可以被加工成颗粒状、柱状、块状等多种形状。专门用于治疗骨质疏松的可注射的纳米人工骨针剂以及复合干细胞、复合生长因子的纳米人工骨材料正在实验中。在纳米人工骨中，几种材料的复合可以大大提高骨愈合速度，特别是添加了活性生长因子的材料，活性生长因子非常适用于大块骨缺损的病人。这些结果拓宽了人们对胶原诱导矿化的认识，并且指出了仿生制备新型功能材料的道路。

我要去看牙了

纳米复合树脂产品

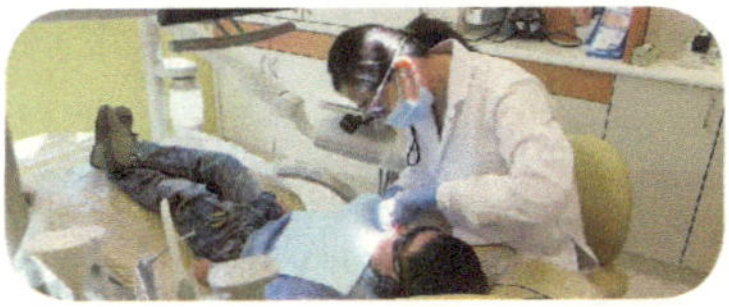

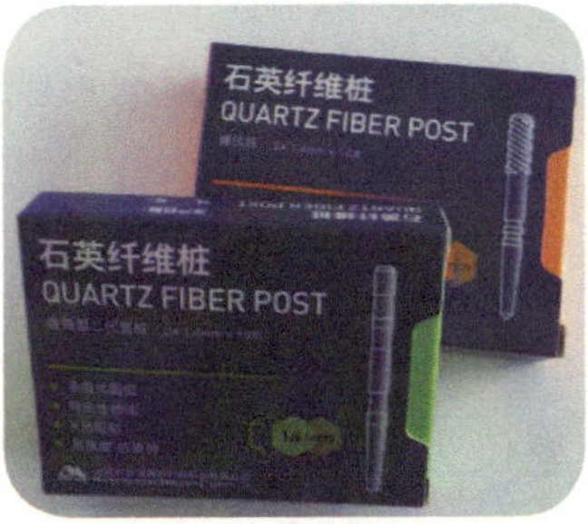

博士哥哥，我最近有颗蛀牙，能够用纳米材料修补一下吗？

樱桃小妹，当然了，科学家发明了纳米复合齿科修复材料，可以保证材料的膨胀系数与自然牙接近，可以避免冷热刺激引起填充物的膨胀和收缩导致的压痛现象，同时还非常耐磨，可以用很多年呢。另外，有多种颜色可选，能保证填充物的颜色接近正常牙。

小贴士

纳米填料不仅可以用作齿科填充树脂材料，还可以用作根管填充材料、窝沟点隙封闭剂等其他口腔材料。根管填充材料是用于根管治疗术，填充根管、消除死腔的材料。纳米复合根管填充材料是在原有成分的基础上添加了含有纳米银粒子的牙胶粉末，凝固时会有轻微（约 0.2%）的膨胀，吸水率仅为 0. 4%，溶解度仅为 0. 13%（这些性质均在美国牙科学会规定的范围之内），能起到良好的根尖封闭作用。纳米复合根管填充材料中含有的纳米银粒子具有防腐杀菌的作用，可以防止根管再次感染。同时，因其成分中含有牙胶粉末，所以除作为根管封闭剂与牙胶尖结合使用之外，还可以单独作为根管充填材料。窝沟点隙封闭剂简称窝沟封闭剂，是一种可光固化的液体高分子材料，涂布于窝沟点隙处，固化后可有效地封闭窝沟点隙，隔绝致龋因子对牙齿的侵蚀，进而达到防龋的目的。不加填料的封闭剂为无色透明液体，涂在牙面上，难以识别已涂范围，因此实际使用时通常加入少量钛白粉，使封闭剂呈乳白色，方便肉眼识别。但是，钛白粉颗粒较粗，在封闭剂的长期存放过程中会因重力作用而逐渐沉淀。因此，人们将视线转向了纳米材料，通过加入平均粒径为 40nm 的具有助悬浮作用的气相纳米二氧化硅，来防止钛白粉沉淀，使产品能够长期储存。

量子点——生物检测的利器

量子点

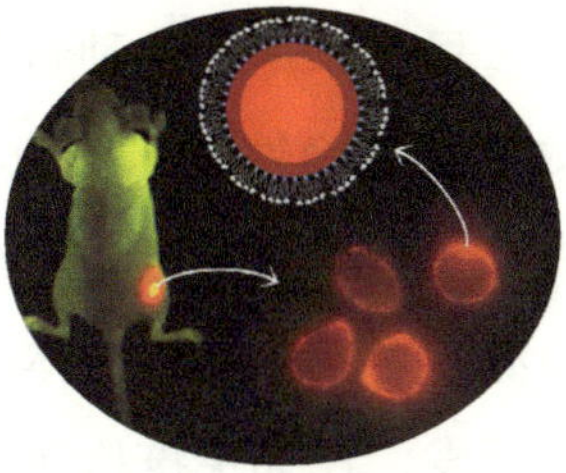

注射量子点后的荷瘤小鼠

博士哥哥，量子点是点吗？

樱桃小妹，量子点实际上不是点，而是小的分子团簇，它可是纳米界的明星材料！量子点在生物检测方面有很大的用处。在量子点问世以前，用作生物标记的物质主要是荧光蛋白，这项技术获得了诺贝尔奖。量子点的性质在某种程度上要优于荧光蛋白，从荷瘤小鼠的尾静脉将量子点打进去，量子点就会在肿瘤部位富集，通过激发出的荧光指示肿瘤的部位。

小贴士

目前采用的几种新型纳米标记材料中，荧光量子点的灵敏度及准确性比传统免疫检测方法高出 10^3~10^6 倍，因而最具有发展前景。这些荧光量子点有可能全方位地应用于各类检测技术，包括各种体外和体内用超高灵敏度检测试剂的研制开发，比如免疫检测试纸，免疫检测试剂盒，各种蛋白和核酸芯片，体内单细胞检测试剂等。这些产品的开发，将对各种重大传染病、早期癌症、心血管疾病、自身免疫病及遗传病等提供极为准确灵敏的快速诊断，从而为这些疾病的治疗和预防提供依据，显著地改善人民的健康水平和生活质量。

量子点显示技术的重点就是广色域和高动态范围。从技术细节上讲，量子点由锌、镉、硒和硫原子构成，是晶体直径在 2~10 纳米之间的纳米粒子。由于它的光电特性独特，受到光电刺激后，会根据量子点的直径大小，发出不同颜色纯正的高质量单色光。基于这一特性，如果把量子点材料用在电视的背光源上，在蓝色 LED 照射下就能发出全光谱的光，从而可以对背光进行精细调节，进而大幅提升色域表现，让色彩更加鲜明。

带"导弹"制导部的纳米药物

载体辅料

磷脂

脂质

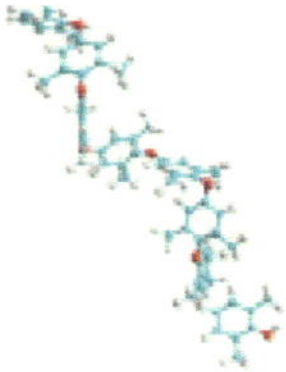
聚合物

白蛋白

纳米药物

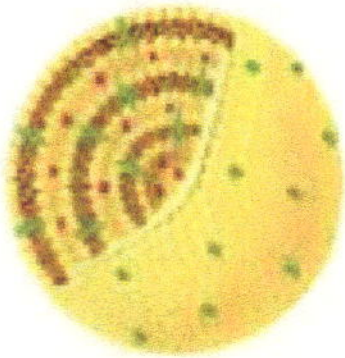
脂质体

纳米粒

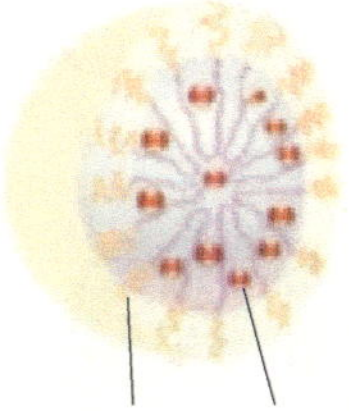

博士哥哥，我听说还有纳米药物，它有什么神奇的功效呢?

樱桃小妹，纳米药物可以分为两类，一类是利用载体实现纳米化，另一类药物是不借助载体直接纳米化。药物纳米化的最大特点就是可以利用纳米材料比表面积大，悬键多的特点，在表面进行修饰，接上保护基团或者是靶向基团，实现定向控释或者缓释的目的。比如，胃里是强酸性环境，肠里是强碱性环境。有些是需要在肠中释放的药物，就不希望在胃里被吸收或者分解掉。利用纳米载体技术就可以很方便地把药物保护起来，使它能够到达希望起作用的地方（也就是靶点）。纳米药物的另外一个重要特点就是存在尺寸效应，不同粒径的药物富集的部位也是不一样的，利用这一点，可使在特定部位药物浓度高，而不需要的部位浓度低，来实现提高药效，降低毒副作用的目的。这一优势在治疗肿瘤方面尤为突出。抗肿瘤药物往往因为毒性大才被应用，但是同时也会对正常组织造成损害，利用纳米技术就可以使药物在肿瘤部位浓度高，而在其他脏器浓度低，实现更好的疗效。目前国内外已经有多种纳米药物上市。有了纳米技术，未来治疗肿瘤也许会像现在治疗感冒一样容易。

小贴士

纳米材料具有微米材料所没有的一些新的理化特性，正是这些特有的性质，使其在制药方面有许多优越性：①纳米材料具有比表面积大的特点，可以加工成多孔结构，能携带多种药物和检测试剂，实现药物的联合给药或鸡尾酒疗法及诊断治疗一体化。②纳米材料吸附药物或包裹药物后，能将药物缓慢地释放出来，可以大大延长半衰期短的药物的作用时间，另外可在保证有效药物浓度的前提下，减少给药剂量，降低药物的毒副作用；③纳米材料易于修饰，这样就可以将具有靶向性的基团，如特定的抗原、抗体等连接到纳米材料的表面，实现靶向给药，更加准确地将药物输送到病灶，减少人体其他部位对药物的不良反应；④纳米材料可能具有不同的跨膜转运机制，纳米粒可增加药物对生物膜的透过性，有利于药物透皮吸收和在细胞内发挥药效，可以利用这种机制形成新的给药方式；⑤选择不与胃蛋白酶等消化酶发生反应的纳米材料作为药物载体，可以尽可能地降低药物与胃蛋白酶等消化酶接触的机会，解决口服易水解药物的给药途径问题；⑥有些纳米材料能够突破血脑屏障等特殊生物屏障，可用于制造突破这些特殊生物屏障的药物，实现某些特殊疾病的针对性治疗。

进入临床的无机纳米粒子

组分	功能	疾病靶标	所处阶段
氨基硅烷包衣 SPIO	磁热疗	脑肿瘤、前列腺癌和胰腺癌	2010 年 EU 批准第一阶段
氧化铪纳米粒子	放射治疗	软组织肿瘤	第一阶段
硅 - 金纳米粒子	粥样动脉硬化斑块光热消融	动脉粥样硬化	第一 / 第二阶段
金 @ 硅纳米粒子	光热治疗	难治性头颈部肿瘤和原发性、转移性肺癌	第一阶段 2012 年 FDA 批准用于临床试验
带有 TNF-α 的 PEG 化的胶体金粒子	TNF-α 靶标输送	实体肿瘤	第一阶段完成
嵌入荧光物或放射性碘的硅纳米粒子	荧光 /PET 造影剂	癌症	2011 年 FDA 批准用于临床试验

注：EU，欧洲联盟；FDA，美国食品药品管理局；SPIO，超顺磁性氧化铁纳米粒子；TNF，肿瘤坏死因子；PEG，聚乙二醇；PET，正电子发射断层成像

刚装修的房子能搬进去住吗？

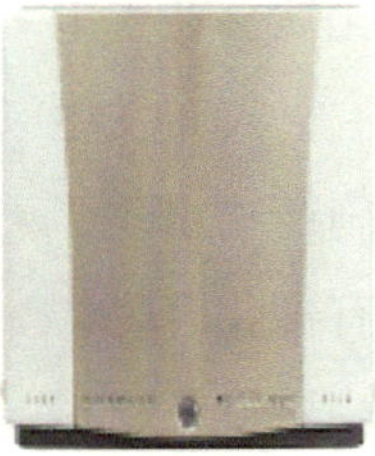
光催化
空气净化器

负载型高效纳米
光催化剂

有可见光活性的纳米
光催化剂

博士哥哥：我家的房子刚装修完，听说不能直接搬进去，要空一两月的时间放下味，这是为什么呀？有没有办法让我早点搬进去啊？

樱桃小妹，办法还是有的。近些年来，恶性疾病低龄化的趋势就与装修、装饰有关，因为在装饰和装修的过程中，不可避免地会用到各种胶黏剂和密度板等材料，这些材料会缓慢地释放出苯、甲醛等挥发性有机化合物（VOC），在通风不良的情况下，长期处在这样的环境中，就会导致疾病的发生。利用纳米二氧化钛开发的空气净化器，可以将苯、甲醛等有机溶剂分解成二氧化碳和水，同时，还可以分解空气中的细菌和病毒，使室内空气得到净化，患疾病的风险大为降低。

小贴士

与其他空气净化方式相比，利用纳米二氧化钛光催化净化空气有如下优点：在光的作用下，纳米二氧化钛会产生电子 - 空穴对，催化剂表面的有机污染物与电子 - 空穴对发生氧化还原反应，分解成水和二氧化碳，没有毒副产物出现，不会造成二次污染。纳米二氧化钛能处理多种有毒化合物，包括工业有毒溶剂、化学杀虫剂、木材防腐剂、染料及燃料油等，迄今能处理的有机物达 100 种以上。此外，二氧化钛光催化技术还可以用于无机污染物的处理。在柠檬酸根离子存在下，可以将二价汞金属离子还原成汞金属而沉积在二氧化钛表面；此法同样适用于铅。二氧化钛光催化能降解的无机污染物还有氰化物、二氧化硫、硫化氢、一氧化氮和二氧化氮等有害气体，它们也能被降解。纳米二氧化钛光催化剂可用于石油、化工等工业废气处理，改善厂区周围空气质量，可用于家庭和餐厅厨房油烟处理，减少废气排放。

此外，纳米二氧化钛光生电子 - 空穴对还能促进各种生物化学反应，破坏细菌和病毒的外膜，杀死环境中的细菌和病毒，而且能同时降解由细菌释放出的有毒复合物，达到抗菌、消毒和去除异味的效果。因此，纳米二氧化钛光催化剂的产品在医院、办公室以及商场、影剧院、候车 / 机室等人员密集场所具有广阔的应用前景。目前，利用纳米光催化二氧化钛治理空气污染已经得到广泛应用，国内外出现了很多产品，例如纳米空气净化器、中央空调净化模块、光触媒涂料等，市场前景诱人。

工业废水能排放吗？

可见－紫外光协同光催化水净化装置

太阳光光催化水净化装置

博士哥哥，印染厂有很多的染料废水排出来，是否也可以用这种材料处理啊？

樱桃小妹，你真聪明，能够举一反三。有机染料废水虽然属于难处理的一种，但利用纳米二氧化钛这种材料，同样可以处理掉，实现无害化处理，达到排放标准。目前的样机日处理污水量可以达到10吨／天，污染物去除率大于85%。

边远农村的水可以放心喝吗？

博士哥哥，我最近去旅游，到了内蒙古，那里景色好美啊，可惜水太难喝了，你有没有办法把水变甜呢？

樱桃小妹，你不知道吧，水的问题还是个普遍现象。在中国的边远地区，水除了难喝，还有可能引发各种地方病。例如，内蒙古托克托县地下水氟超标 3 倍，砷超标 22 倍，导致大骨节病和局部组织溃烂。纳米材料的比表面积高，可以有效吸附饮用水中的重金属离子，经过纳米材料处理过的水，质量达到国家饮用水标准。彻底将农民从由于饮用水导致的地方病中解放出来。

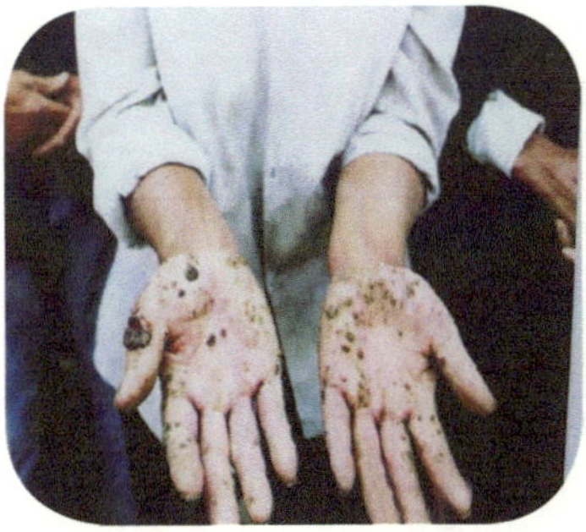

引用高砷水造成的地方病

水样处理前后对照

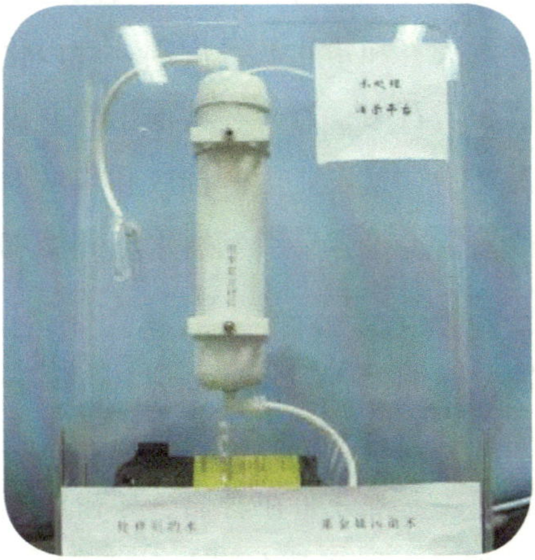

水处理装置

处理前后的指标对比

项目	氟（F^-）	砷（As）
国标（GB）	1.0 ppm	10 ppb
处理后	0.02 ppm	2.0 ppb
处理前	3.3 ppm	220 ppb

小贴士

砷是人体必需的一种微量元素，但饮用水中的砷含量超过了国家标准，就会对人体有危害，可以诱发许多疾病，如急性砷中毒造成全身麻木、呼吸道和消化道病变甚至快速死亡；慢性砷中毒导致神经系统紊乱、全身乏力、食欲减退、恶心以及皮肤色素沉着和角化病等疾病。砷以化合物形式存在于水体、土壤和岩石中，对人和其他生物有极强的毒性，是重点控制的污染物。工农业生产排放和区域地质异常等造成地下水中砷的富集，很容易引发饮水型砷中毒等环境地质灾害的发生。

氟也是人体必需的一种微量元素，但饮用水中的氟含量超过了国家标准，也会对人体有危害。氟元素在正常成年人体中约含 2 ~ 3 克，主要分布在骨骼、牙齿中，在这两个部位积存了约 90% 的氟，每毫升血液中含氟 0.04 ~ 0.4 微克。人体所需的氟主要来自饮用水，每日摄入量超过 4mg 会造成中毒，人易患氟斑牙和氟骨病，导致骨髓畸形，损害健康。

净水材料能够一直用吗？

试纸检测不同浓度砷的结果

（1）200 ppb As；（2）100 ppb As；（3）50 ppb As；
（4）25 ppb As；（5）10 ppb As；（6）蒸馏水

水样检测结果

（1）200 ppb As（标准砷样）；（2）内蒙古兴旺庄村水样；
（3）内蒙古官地营村水样；（4）自来水

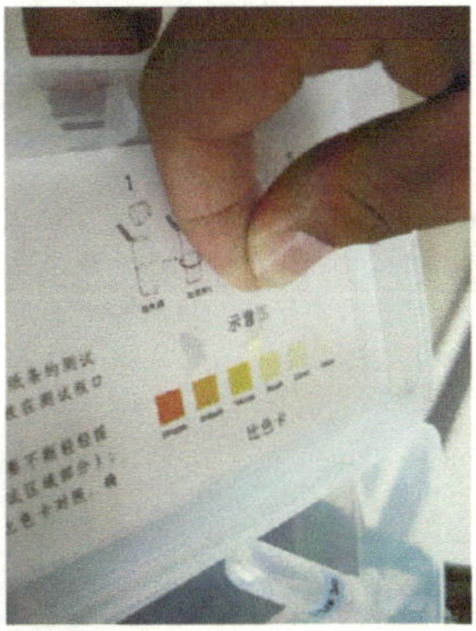

检测后试纸与标准比色卡对比图

检测水用纳米试剂盒与商用试剂盒的参数比较

项目	纳米试剂盒	传统试剂盒
酸性	弱酸	强酸
灵敏度（As）	2 ppb	10 ppb
状态	固态	液态
安全性	高	低
检测时间	8 min	大于 30 min
成本	低	高

小贴士

砷是饮用水中主要的污染物之一，为了控制砷污染，需要发展快速有效的砷检测方法。目前商用的砷检测试剂盒是在传统的砷斑法基础上开发出来的，存在测试时间长、操作步骤繁琐等不足，而且传统的砷斑法需要使用强酸试剂，安全性差，这也严重阻碍了其推广使用。

针对这一难题，研制出一种能快速检测水中砷含量的纳米试剂盒，采用纳米结构材料替代常规检测试剂，降低了反应活化能，使得在较为温和的条件下就能达到较高的反应活性，从而大大缩短了检测时间，同时还提高了检测灵敏度。与目前商用砷检测试剂盒相比，检测时间从 30 分钟缩短至小于 10 分钟，可以检测到浓度高于 5ppb 的砷。此外，反应条件较温和，无需采用强酸试剂，大大提高了其应用安全性和易用性 。

水华如何消除？

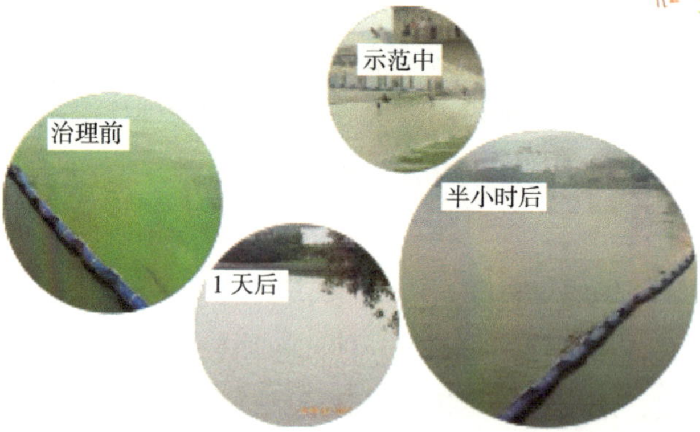

博士哥哥，夏天有很多地方发生水华，纳米材料是否有办法呢？

樱桃小妹，水体富营养化导致的大面积蓝藻水华的发生，是很多江河湖泊的问题，特别是太湖、滇池等水体，暴发得越来越频繁，一直以来都没有特别好的治理方法。不过，这些藻类有一个特点，就是厌氧性。将当地的黏土纳米化表面修饰后，其比表面积急剧增大，就可以携带更多的氧。将这种黏土喷洒到蓝藻暴发的湖中，大约30分钟后，蓝藻陆续沉入湖底，一天后，湖面基本澄清。该技术成熟后，可以为治理蓝藻的暴发提供新的选择。

小贴士

跟利用黏土治理水华的原理类似，也可以利用微纳米气泡来治理含藻污水，通过设备或者特殊的材料实现对水体增氧，抑制蓝藻生长，促进水生物繁殖，形成良性循环。微纳米气泡治理藻污水装置是一种微纳米级气浮技术，是富营养化湖泊进行综合性内源治理的最佳选择。该技术超越了传统的气浮法，其产生气泡的数量、大小决定了治理水体的质量。根据这一原理而研发的“微纳米气泡治理藻污水装置”，是在中高压清水泵、空压机、精滤器、高效气水混合器、搅拌混合器的配合下，依靠水泵将处理过的一部分水加压，与压缩空气一起压入密闭的高效气水混合器，使气体溶入水中。将经过溶气的水导向旋切式释放器，通过释放器的骤然消能降压，促使微纳米气泡均匀、稳定地在水中释放出来，把污水中的微细污染物颗粒利用气泡俘获后带上水面，从而实现清水与蓝藻或污物的完全分离。一方面，将除掉藻类或污物的低营养清水回输湖泊，另一方面，将收集到的蓝藻或污物渣制成微生物有机肥，供农作物和经济作物改良土壤，或用作沼气原料。这样在得到洁净水的同时又能将分离出来的蓝藻或污物变废为宝，产生一定的经济效益。

黏黏糊糊的渣

糊状铬渣

铬渣沉淀池

装袋堆储，缓慢渗液

纳米铬渣自然沉降和铬溶出情况比较

10 分钟　　3 小时

处理前
渣水难分离
铬难溶出

处理后
渣水易分离
铬溶出达 95%

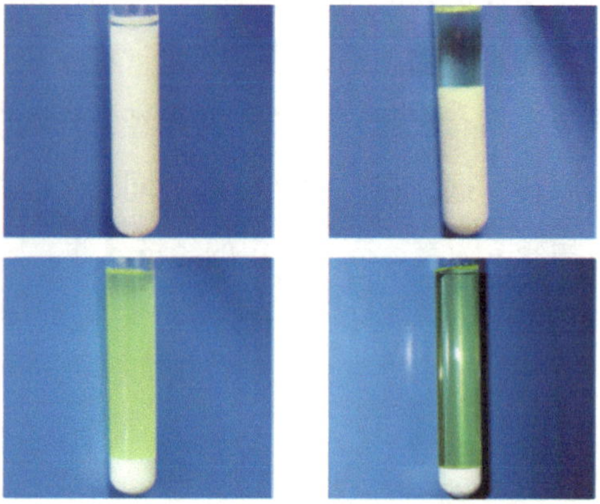

博士哥哥，我在报纸上看到，生产氯酸盐的副产物铬渣很难处理，铬渣污染对当地人民的生活造成了很大的影响，长期下去，容易导致癌症等恶性疾病的发生，纳米科技在这方面有用武之地吗？

樱桃小妹，铬渣与我们通常理解的渣不同，它是黏黏的糊状，其难处理的原因是渣里有大量的含水纳米颗粒，这些颗粒很难沉淀，所以很难处理掉。但是纳米技术的优势就是比表面积非常大，利用这一性质来“以毒攻毒”，既然是纳米颗粒造成的污染，那就引入新的纳米材料，二者相结合，就会生成大颗粒，这些大颗粒就很容易形成沉淀，进而被处理掉啦！

小贴士

氯酸盐生产企业产生的固体废物是一种吸附有高浓度六价铬的黏稠糊状物质，含水率超过50%，难以用通常的机械或化学方法将其中的六价铬经济有效地脱附并分离，而这些大量的废渣如果露天放置，其中的六价铬会由于雨水的逐步淋洗而缓慢脱附并渗出，造成长期的污染问题。

那么，六价铬为什么这么难以分离出来呢？分析表明，该固体废物的主要成分是一种吸附六价铬的20~30纳米的氢氧化镁。在中性或弱碱性条件下，由于电荷效应以及纳米团簇高的比表面积，导致带正电荷氢氧化镁对铬酸根离子的高吸附；细小颗粒本身带有的电荷导致颗粒之间出现电荷排斥作用，造成纳米粒子难以团聚，悬浮在水当中，形成水合粒子（含水率一般在14.3% ~ 19.25%之间），这是渣的含水率高，难以分离的根本原因。

清楚了铬渣的成因，人们想出了一种解决的办法，就是“以毒攻毒”，加入一种带相反电荷的纳米材料，电荷中和，消除了电荷斥力，促使纳米颗粒变大，形成共沉淀，消除由于纳米颗粒高比表面积所造成的高重金属吸附和含水率高的问题。也就是说，将纳米级的氢氧化镁颗粒转化为微米颗粒，甚至是块材，从而使其自然地沉淀、脱附。

如何从源头上消除家具的味道?

博士哥哥，我家刚买了新家具，味道很大，纳米技术是否有办法处理呢?

樱桃小妹，家庭装修，为了家具的美观和耐用，不可避免地会使用油漆，这些油漆会释放出苯、甲醛等有害气体。但是纳米技术出现以后，可以开发出水性涂料，这种情况有望被打破。

涂覆纳米水性涂料的木板

纳米水性涂料色板

纳米水性涂料喷涂后的家具

小贴士

凡是用水作溶剂或者作分散介质的涂料，都可称为水性涂料。水性涂料包括水溶性涂料、水稀释性涂料、水分散性涂料（乳胶涂料）3 种。水溶性涂料以水溶性树脂为成膜物，以聚乙烯醇及其各种改性物为代表，除此之外还有水溶醇酸树脂、水溶环氧树脂及无机高分子水性树脂等。

以高性能丙烯酸酯水性木器涂料为例，将乳胶粒子巧妙设计成具有功能性的三层核壳结构，将不同功能性聚合物分布在不同层内，以这种乳液为成膜物质制备出了单组分室温自交联的水性木器涂料，实现了水性涂料的高性能化。

生产出的高性能丙烯酸酯水性木器涂料，漆膜硬度可达 2H 以上，室温耐水性达到 14 天以上，耐沸水超过 1 小时，解决了水性木器涂料共有的硬度低、丰满度不好、室温耐水性和耐沸水性差等关键技术难题，完全满足了家具和家庭装修对环境友好性涂料的需求。

纳米水性涂料是利用纳米材料的小尺寸效应、表面效应、量子尺寸效应等特殊的性质，把纳米粒子添加到水性涂料中，提高其成膜、耐冲击、耐老化、耐腐蚀、耐磨损、抗紫外线等性能。此外，还可以获得自清洁、抗静电、阻燃等一些新的特殊功能。

印刷方式的革命

博士哥哥，我听说北京在大力推广纳米绿色印刷技术，我没有搞明白是什么原理，你知道吗？

樱桃小妹，王选院士的激光照排技术，使印刷业告别了铅与火，迎来了光与电，但是还没有摆脱类似洗照片的曝光、显影、定影等过程，而在这个过程中，不可避免地会用到金属银、铝、酸、碱等，对环境造成污染，资源的消耗也大。利用纳米技术开发的绿色直接打印制版技术，采用纳米材料作为打印介质，可以在铝箔的版材上打印出需要的文字和图案，用这个版材可以直接印刷书籍、报纸和杂志，省略了“洗照片”的制版过程，堪称“绿色”制版技术。

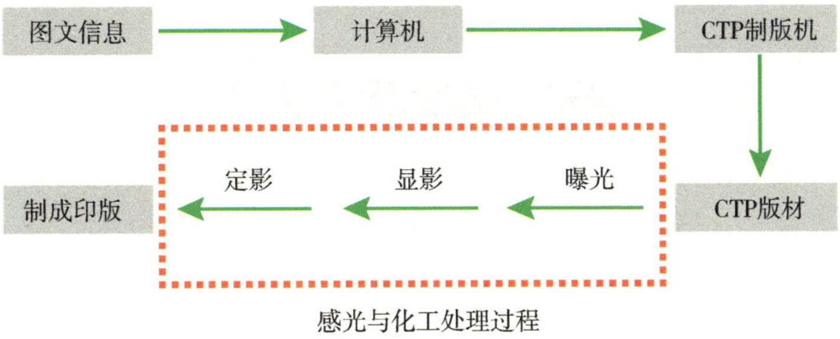

传统制版流程

特点：

1. 纳／微复合结构超亲水版材——无感光预涂层；
2. 转印区域表界面变化实现纳尺度浸润性转变；
3. 绿色直接制版印刷。

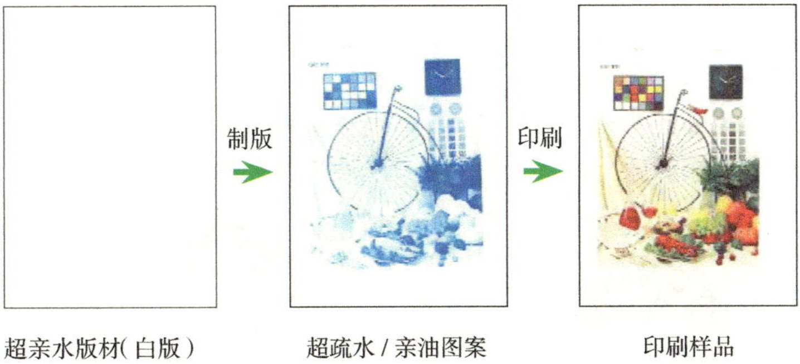

绿色印刷流程

纳米印刷效果如何？

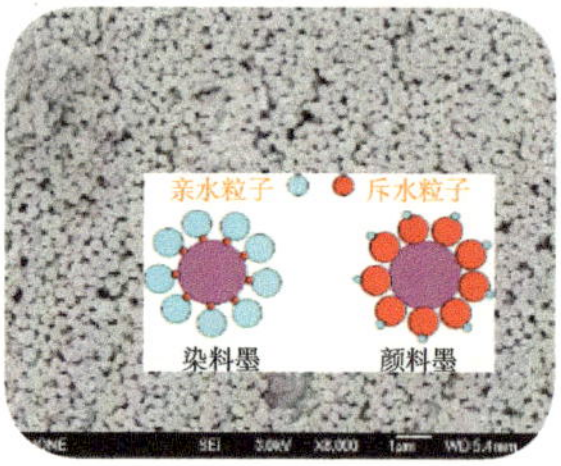

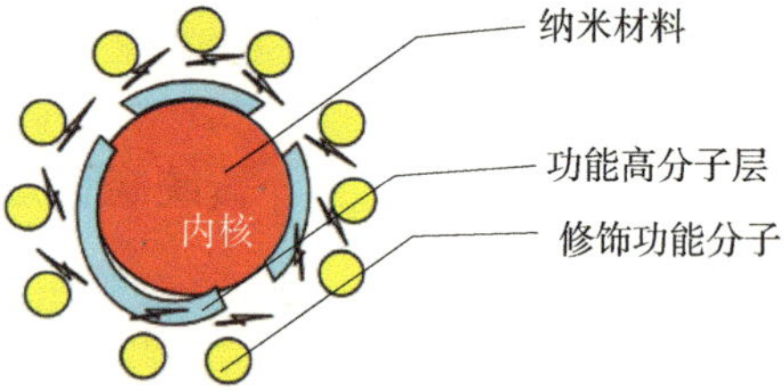

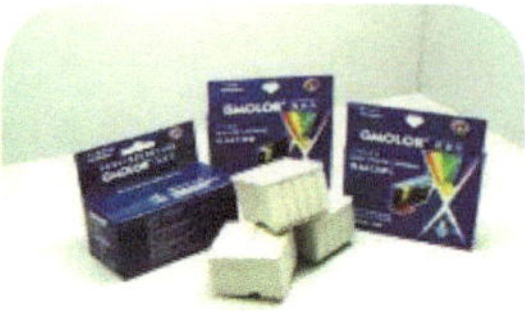

博士哥哥，那纳米绿色制版技术制出的版材印刷效果如何？

樱桃小妹，利用纳米绿色制版技术制出的版材耐印力超过 10 万印张，已形成年产转印材料百吨级规模；印刷分辨率达 175 线以上，可以满足高质量印刷要求。

小贴士

传统印刷制版都是基于感光成像的原理，需要使用不同的感光材料。感光材料在显影、定影和冲洗过程中，要用到酸碱等物质，会产生高危废水。而纳米绿色制版技术摒弃了传统感光成像的思路，通过开发新型纳米转印材料，直接打印制版，实现真正的印刷制版数字化。这项绿色节能技术成为取代激光照排和计算机直接制版技术的前沿印刷制版技术。纳米绿色版材的成本，理论上是传统版材涂布的 60%；从应用效果看，印刷品成品可以实现与传统印制一样的效果。除了传统印刷领域，纳米材料还可以用于印刷集成电路和电路板。

电动汽车可以快速充电吗？

博士哥哥，我家最近想买辆车，但北京为了缓解拥堵，改善空气质量，对于新增车辆，要参加摇号才能买汽油车，排号的人很多，中号的几率很低啊，所以我们想买辆电动汽车，你给参谋一下好吗？

樱桃小妹，电动汽车发展的瓶颈是什么？其中之一就是快速充电技术。现有的汽油车和柴油车，加次油几分钟就可以搞定。但是电动汽车就没有这么幸运了，如果让你等几个小时或者十几个小时，相信你一定会发疯，特别是在高速公路上，如果没电了，一定是件非常痛苦的事情。利用纳米技术，电动汽车充电时间过长这一难题有望获得解决。将电极材料纳米化以后，比表面积显著提高，其充电时间将大为缩短，也许几分钟就可以充满电，同加汽油、柴油一样快捷。

小贴士

传统锂离子电池大多使用镍酸锂（$LiNiO_2$）和钴酸锂（$LiCoO_2$）等作为正极材料，存在合成困难、循环性能差和热稳定性差等问题，进而导致成本高、安全性差、寿命低、充放电慢，使其目前主要局限于电子产品，如手机、平板电脑、便携式计算机等领域，限制了锂离子电池的应用，特别是在动力电池方面的应用。而纳米磷酸铁锂正极材料的出现，使这种情况大为改观。这是一种环境友好材料，具有成本低、热稳定性好等优异性能。在锂离子电池制造过程中，将磷酸铁锂正极材料制造成均匀的纳米级颗粒，可以使颗粒总表面积极剧增大，进而大幅度提高电池的放电功率和循环次数等性能，并且整体稳定性不受影响。

纳米磷酸铁锂正极材料的主要优点：①能解决钴酸锂及其他目前常用的正极材料不能解决的安全问题。②原料来源广泛，价格低廉。③无毒、无污染，是真正的绿色能源。④循环寿命非常长，可以满足电动车频繁充放电的需要。如果制成的磷酸铁锂颗粒平均粒度小于40nm，则容量可达到150mAh/g以上，接近理论极限值，循环寿命可达到2000次以上。其安全性能与循环寿命是其他材料所无法相比的，这些也正是动力电池最重要的技术指标。利用此材料制成的单节电池在过充电压30V下不发生燃烧和爆炸，即使进行穿刺也不会发生爆炸。并且用磷酸铁锂材料制造的大容量锂离子电池更易串联使用，并且可以大电流充放电，使它成为未来电动汽车用锂电池的比较理想的正极材料之一。

快速充电的超级电容器

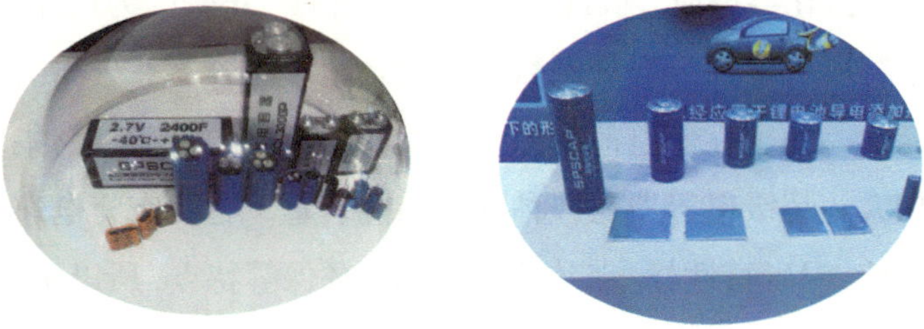

添加了石墨烯的超级电容器

博士哥哥，电动车快速充电还有别的办法吗？

有，只是目前这种能源材料还没有被公众所关注，它就是石墨烯。利用石墨烯作为电极材料制成的超级电容器能量密度目前已经可以达到铅酸电池的容量，并且充放电很快，仅需两分钟，如果进一步提高，完全有可能替代锂离子电池成为汽车的动力源。

小贴士

超级电容器通过极化电介质来储能，是一种电化学元件，但其储能过程不发生化学反应，因此该过程是可逆的。正是因为这样的机理，使超级电容器可以反复充放电数十万次。超级电容器在分离出的电荷中存储能量，用于存储电荷的面积越大、分离出的电荷越密集，其电容量就越大。超级电容器是一种新型储能装置，它具有充电速度快、使用寿命长、温度特性好、节约能源和绿色环保等特点，所以用途广泛。

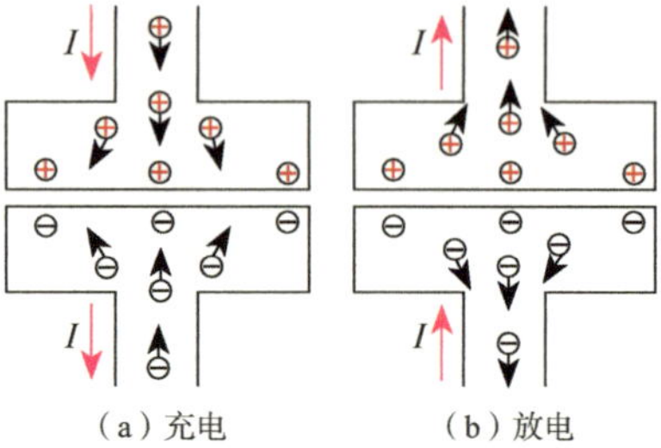

电容器的充放电过程示意图

超级电容器是基于多孔炭材料，该材料的多孔结构使其面积可以达到 200m²/g。碳气凝胶电极材料、碳纳米管、石墨烯等高比表面纳米材料的发展，给超级电容器带来了更为广阔的发展空间。超级电容器电荷分离开的距离是由被吸引到带电电极的电解质离子尺寸决定的，该距离（<1 纳米）比传统电容器薄膜材料所能实现的距离更小，这种庞大的表面积再加上非常小的电荷分离距离使得超级电容器较传统电容器而言有惊人大的静电容量，这也是其“超级”所在。

损坏的风力发电机叶片

博士哥哥，除了电池和超级电容器，其他新能源可以用纳米技术吗？

樱桃小妹，新能源当中的风力发电也可以用啊。国外的风力发电设施，并不是十分适合我国的情况。我国除了有风之外，还存在大量的沙尘，沙尘会对风力发电机的叶片和电机造成很大的磨损，进而降低使用寿命。针对这个问题开发的纳米耐磨涂层有望解决这一问题。

小贴士

风力发电机是将风能转换为机械能，机械能又转换成电能的动力机械。从广义上来说，它是一种以太阳为热源，以大气为工作介质的热能利用发电机。

古代的风车就是传统风力利用的形式，风力机械同水力机械一样，作为动力源替代人力、畜力，对生产力的发展起了重要作用。近代机电动力的广泛应用以及20世纪50年代中东油田的发现，使风力机的发展速度降了下来。

20世纪70年代初期，由于“石油危机”，人们认识到常规矿物能源供应的不稳定性和有限性，于是寻求清洁的可再生能源成为现代世界的一个重要课题。风能作为可再生的、无污染的自然能源重新引起了人们的重视。

废弃的油井还能采油吗？

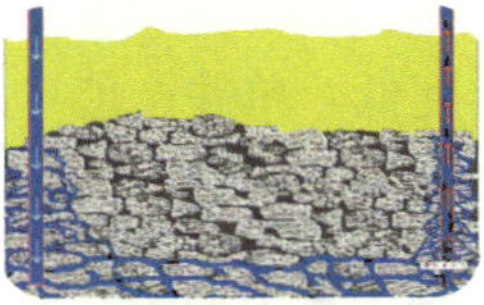

岩石缝隙采油示意图

油井

博士哥哥，上次你说了新能源可以用纳米技术的问题，那传统能源能够利用纳米技术吗？

樱桃小妹，石油短缺一直是困扰人类发展的问题，最近油价又节节攀高，据说全世界的石油仅够支撑几十年了，那以后怎么办呢？其实没有必要担心，现在石油的开采量仅占石油总储量的很小一部分，20%都不到，所以还有很大的潜力可挖。不过剩下的大多是在低渗透油田和已经废弃的油田中，要想把剩下的开采出来，有很大的难度，其实就是怎么想办法把储藏在很小的岩石缝里的石油开采出来。二次采油也是用水把油压出来，要耗费大量的水，并且对环境有污染。纳米技术为解决这一难题，提供了新的方案。可以用少量的水将纳米材料输入油井中，这些纳米材料由于比表面积大，可以大量吸附岩石缝中的石油成分，同时减小流动的阻力，使其随水流带出油井，实现深度采油的目的。

小贴士

低渗透油田是指油层储层渗透率低、丰度低、单井产能低的油田。开发低渗透油气田在我国油气开发中有着重要意义，我国低渗透油气资源分布具有含油气多、油气藏类型多、分布区域广以及“上气下油、海相含气为主、陆相油气兼有”的特点，在已探明的储量中，低渗透油藏储量的比例很高，约占全国储量的 2/3 以上，开发潜力巨大。

但是随着采油时间的延长，低渗透油田普遍会出现原油产量下降，综合含水上升，地面系统布局不合理、负荷不平衡、设施腐蚀老化等问题，需更新的站、所、设备设施、管线数量日益增多，导致生产运行费用、维修维护费用和管理费用逐年升高，不仅影响了油田的安全生产，同时影响了油田开发的经济效益。

玻璃可以更节能吗？

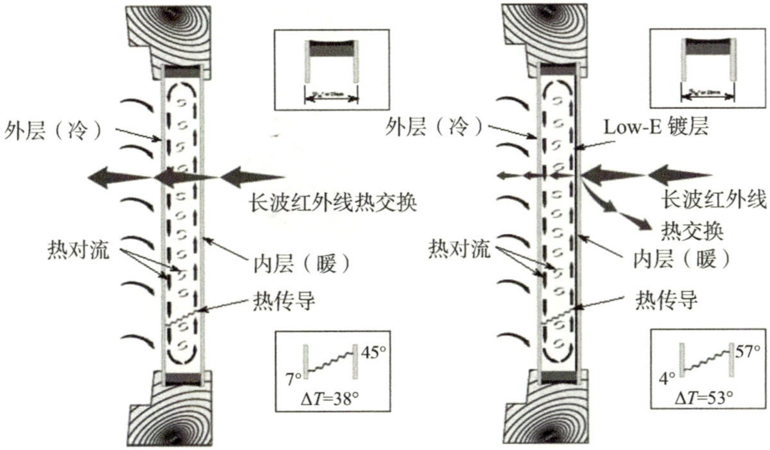

（a）普通中空玻璃　　（b）Low-E 镀膜中空玻璃

Low-E 玻璃原理图

博士哥哥，上次跟你说了我家买房子的事情，正在装修，关于节能有什么建议吗？
不开空调就可以节能啦！但是，夏天烈日炎炎，你会热得受不了的。不过，如果安装使用纳米涂、镀层技术制作的Low-E玻璃，就不会热了。

小贴士

太阳辐射能量的97%集中在0.3 ~ 2.5微米波段，这部分能量来自室外；100℃以下物体的辐射能量集中在2.5微米以上的长波段，这部分能量主要来自室内。太阳光短波透过窗玻璃后，照射到室内的物品上。这些物品受热后，将以长波的形式再次辐射能量。

若以室窗为界的话，冬季或在高纬度地区我们希望室外的辐射能量进来，而室内的辐射能量不要外泄。若以辐射的波长为界的话，室内、室外辐射能的分界点就在2.5微米这个波长处。因此，选择具有一定功能的室窗玻璃就成为建筑节能的关键。

Low-E玻璃可以阻挡99%以上的紫外线，这部分紫外线是太阳光中能量最高的部分，阻挡了这部分光线，室内温度不会快速上升。当然你得关闭窗户，而不是开着；那这种玻璃会影响视线吗？答案是否定的。这种玻璃对于可见光有很高的透过率，60%以上可以透过，因此不会影响人的视线。这是白天的情况，到了晚上，没有紫外线了，屋子里的情况怎么样呢？晚上主要是红外部分的漫反射，同样很难透过这种玻璃，因此可以保持与白天接近的温度，也就是说，一天之内的室内温差很小。那到了冬天会怎么样呢？冬天，尽管阳光很弱，但是这种玻璃可以保持室内的温度不快速外泄，保持室内温度相对恒定，这样有可以起到保暖的作用，对暖气的使用会降低，同样可以节省能源消耗。

阳光下可以看清手机屏吗？

全彩色显示屏

全光谱显示

LED 信号灯

博士哥哥，为什么以前的手机在阳光下看不清楚屏幕，而现在有的手机却可以看清楚呀？

樱桃小妹，这是因为很多新手机采用了纳米加工技术制作的LED 作为背光源，这是一种冷光源，并且亮度很高，我们现在室外用的大屏幕、信号灯都是用 LED 制作的，所以我们才可以在强光下看清信号的指示和图像。这种光源发光效率高，所以特别节能。

小贴士

LED 即发光二极管（light emitting diode），它是利用固体半导体芯片作为发光材料，在半导体中通过载流子发生复合并将剩余的能量以光的形式释放，能够直接激发出赤、橙、黄、绿、青、蓝、紫在内的七色光，以及白光。LED 之所以受到广泛重视而得到迅速发展，是与它本身所具有的优点分不开的。LED 具有亮度高、工作电压低、耗电量小、体积小、寿命长、耐冲击和性能稳定等特点，LED 光源具有节能、环保、寿命长、低维护、易控制等特点。此外，LED 光源本身一般不含汞、铅等有害物质，不会在生产和使用中产生对外界的污染。因此，LED 被称为第四代照明光源，即 21 世纪的绿色、节能光源，与传统的白炽灯、荧光灯光源相比，有着无可比拟的优越性，是光源发展的必然趋势。日本的中村修二由于发明了蓝光 LED，获得了 2014 年诺贝尔奖。

自修复的润滑油

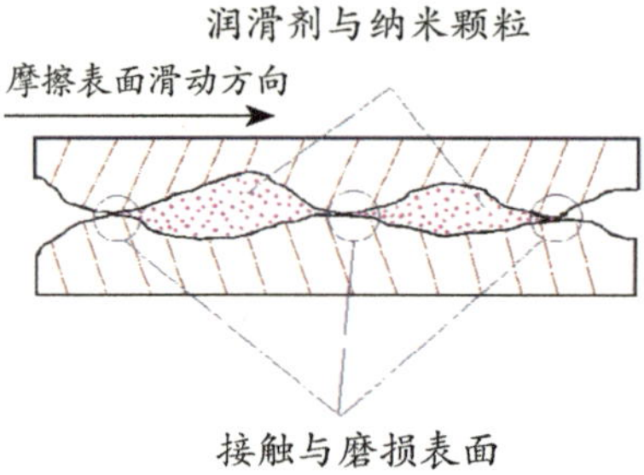

自修复润滑油

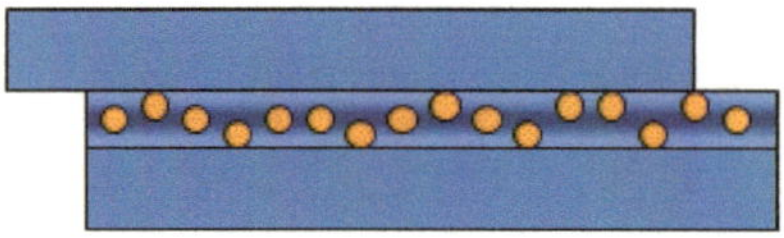

修复示意图

博士哥哥，听说还有给汽车“喝”的纳米产品，那是真的吗？

当然。基于纳米铜的润滑油就可以实现这种功能。纳米铜是一种特别软的材料，可以补在磨损面上，形成一层铜膜，这层铜膜可以起到润滑作用，只有这层铜膜被磨坏以后，才会磨损机体材料，所以可以延长机械的使用寿命，降低油耗、声音和磨损，减少积碳的排放。

小贴士

从微观的角度来看，摩擦是由于粗糙表面的直接接触引起的。所有的表面，即使是看上去非常光滑、精密抛光的表面，在微观下也显得粗糙不平。摩擦导致世界上大约有30% ~ 40%的能源消耗在摩擦损失上；设备平均机械效率只有60% ~ 70%；设备机械强度和运转精度降低；出现振动和噪声；缩短了设备的使用寿命。

润滑就是在两个摩擦副之间加入某种物质（包括液态、气态、半固态和固态物质），用来防止粗糙表面间的直接接触，减少摩擦和磨损，保障设备正常运转。为提高油品的极压抗磨性能，研究人员做了大量的研究工作，纳米金属材料是公认的优良的减摩抗磨材料，但无机纳米铜合金粒子难以稳定地分散在各类润滑油中，在很长一段时间内，该问题成为纳米铜合金润滑油添加剂的瓶颈问题。

纳米铜合金的神奇之处，就在于它采用原位表面修饰技术制备，修饰剂与纳米铜合金以共价键相结合，从而使纳米铜合金在各类润滑剂基础油和润滑脂中有良好分散性能和抗氧化性能。在摩擦过程中，纳米铜合金粒子受摩擦热的诱导而在磨损表面形成“微区固溶体”修饰层，从而实现磨损部位的自修复，并起到节油、抗磨、降噪等功能，适用于解决各类机械设备在多种工况条件下的摩擦、磨损和养护问题。

涂层可以防污闪

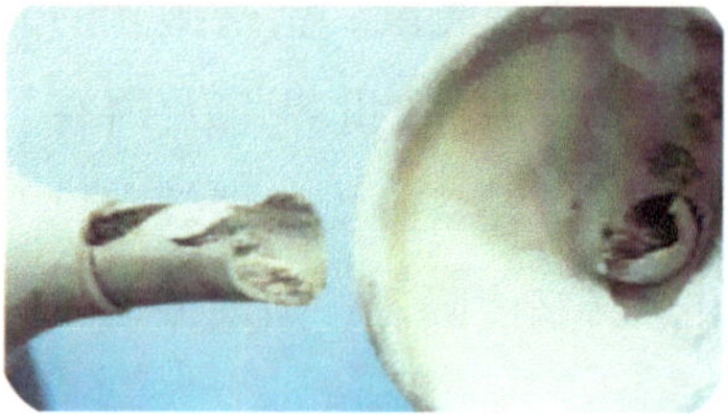

发生污闪事故后的绝缘子

涂覆纳米防污闪涂层的绝缘子

博士哥哥，你听说过“污闪”吗？

污闪是指在潮湿条件下（如雾、露、雨），电气设备绝缘表面附着的污物中的可溶物质逐渐溶于水，在绝缘表面形成一层导电膜，使绝缘子的绝缘水平大大降低，通电后出现的强烈放电现象。它会导致大规模停电事故，造成巨大的经济损失。而国外的防污闪涂料并不适合我们国家的情况，有没有办法利用纳米技术加以解决呢？有！利用纳米二氧化硅材料开发的涂层，可以有效提高力学性能、耐老化性能和抗电痕性能，延长设备的使用寿命。

小贴士

防污闪的措施有很多，传统的方法是在春秋两季停电清扫，还有使用硅油、硅脂等涂料，合理地调节外绝缘的爬电比距等办法，近年来开始使用防闪增爬辅助伞裙、单组分室温硫化硅橡胶防污闪涂料等。

给线缆穿上可以挡冰灾的防护衣

由于冰自重压垮的绝缘子线缆

人工敲击除冰

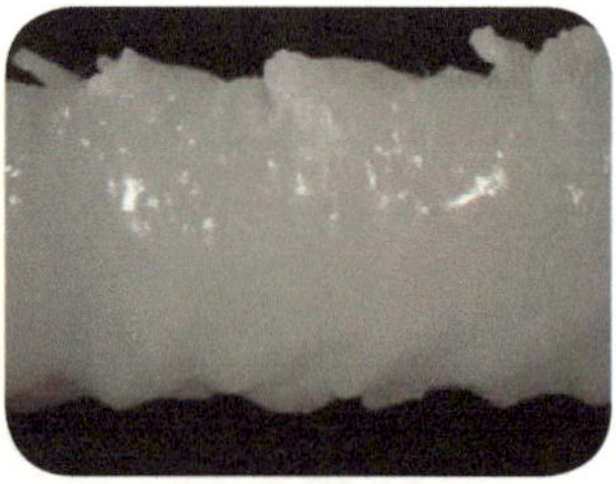

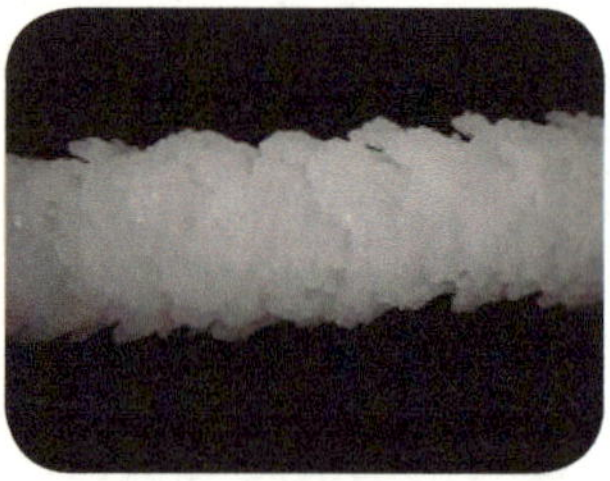

裸导线（左）和涂刷防覆冰涂料导线（右）的覆冰情况

博士哥哥，你还记得2008年冬天我国南方飞机、火车和汽车的大规模延误吗？纳米技术有没有办法避免这些事故的发生呢？

2008年我国南方发生了大面积的冰灾，由于不能承受冰的重量，塔架倒塌，线缆断裂，大面积停电，公路铁路交通中断，造成巨大的经济损失。你的这个问题很好，利用纳米技术可以仿造荷叶结构，在导线上涂覆涂料，可以使冰在导线上少黏附，同时冰层酥松，在有风或者轻微敲击和震荡的时候，这些覆冰就会脱落。有望大幅度降低冰灾的发生。

小贴士

冰灾即冰雪灾害。冰灾对电网、交通和农作物等都有着巨大的危害。对供电网的危害，由于冻雨落在电线上结成坚实的冰，供电网承受不了冰柱重量，造成破坏；对于交通运输的危害，由于路面结冰，易出现交通事故；对于农作物，会造成严重的霜冻灾害等。

冻雨是由冰水混合物组成，与温度低于0℃的物体碰撞立即冻结的降水，是初冬或冬末春初时节的一种灾害性天气。低于0℃的雨滴在温度略低于0℃的空气中能够保持过冷状态，其外观同一般雨滴相同，当它落到温度为0℃以下的物体上时，立刻冻结成外表光滑而透明的冰层，称为雨凇。严重的雨凇会压断树木、电线杆，使通讯、供电中断，妨碍公路和铁路交通，威胁飞机的飞行安全。

解决异味的好办法

纳米钢皂实物图

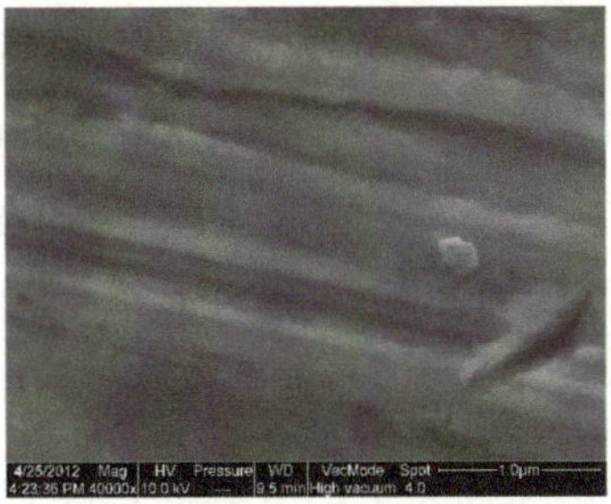

环境扫描电镜下的钢皂表面

博士哥哥，我每次吃虾和螃蟹时，都很惬意，但吃完后手上却有难闻的味道，用香皂、洗手液效果都不好。你有办法用纳米产品解决吗？

樱桃小妹，用纳米钢皂就可以解决你的困扰。纳米钢皂表面是纳米结构，这些纳米结构具有巨大的比表面积，可以在有水的条件下，竞争性吸附异味分子，然后这些异味分子又被氧化分解，生成没有明显气味的分子。

小贴士

纳米钢皂利用其巨大的表面积可以祛除家居生活中各种异味。祛除冰箱和卫生间内的异味：将纳米钢皂包块湿毛巾（或将钢肥皂一半浸在水碗里）放在冰箱里，亦可放在厨房卫生间，一两天后即可祛除冰箱或厨房卫生间的异味。祛除毛巾、抹布异味：将该产品直接在水中清洗留有异味的抹布，可以立即祛除抹布上的异味。祛除餐具上的异味：包块湿毛巾擦洗餐具或者与餐具半浸泡一段时间，流水冲洗，即可除去餐具异味。祛除汽车内的异味：将该产品用湿布包好放在汽车里，保持包布的潮湿，两三天后，可祛除汽车里的异味。祛除装修异味：将钢肥皂一半浸泡在水碗里，放在装修的房间或者放在宠物窝的附近，一两天后即可有效消除因装修或日常生活产生的烟味、甲醛、氨气、硫化氢等有害气体和宠物窝的异味。对祛除人体产生的异味也有较明显的效果：用产品直接在有异味的身体部位用水搓洗，可以明显祛除异味（如狐臭、汗臭、脚臭等）。与水配合使用，还可除医药味、消毒水味、钞票味、汽油味、柴油味等大部分异味，是家庭、办公室、酒店及宾馆的必备品。不过，该产品去味不去污，如有油污还是需要先用洗涤剂清洗干净，再使用纳米钢皂除味，效果更好。

镜子不再模糊了

玻璃生产线

涂覆纳米涂层的镜子

使用了纳米涂层的国家大剧院

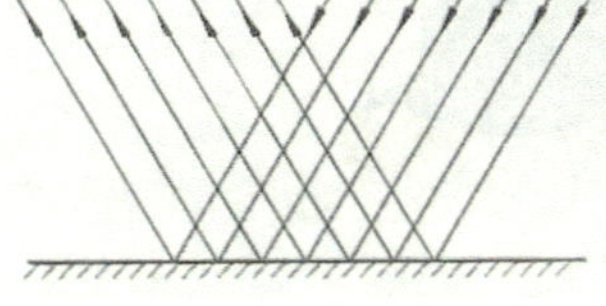

镜面反射

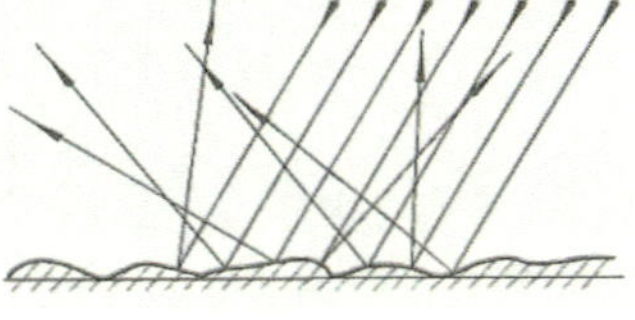

漫反射

博士哥哥，每次洗澡后，我想对着镜子梳妆一下，但总是看不清楚，你有办法用纳米技术解决吗？

有办法。纳米二氧化钛具有超亲水的性质，将它涂在镜子上，镜子表面就成为超亲水的，因此小水滴铺展成膜，不会发生光线的漫反射，所以可以形成清晰的影像。而没有涂层的表面，水蒸气在镜子表面遇冷而凝结，由于表面不是超亲水的，水滴不能铺展，而是形成一个个孤立的小水滴，会发生光线的漫反射，也就不能够清晰显示影像。

小贴士

光触媒自洁玻璃膜含具有光催化活性的纳米材料 TiO_2，它能吸收一定波长的光，产生自由电子和空穴，使膜表面吸附的污物发生氧化还原分解而除去并杀死表面微菌，达到自清洁的目的。

这种涂层的两个特点是：（1）超亲水。这样水滴可以均匀地在玻璃表面铺展开来，同时浸润玻璃和污物，最终通过水的重力将附着在玻璃上的污物带走，而且也可以起到一定的防雾作用。（2）光催化。在紫外线的照射下，光触媒对有机物会有分解作用。

学校的跑道很耐磨

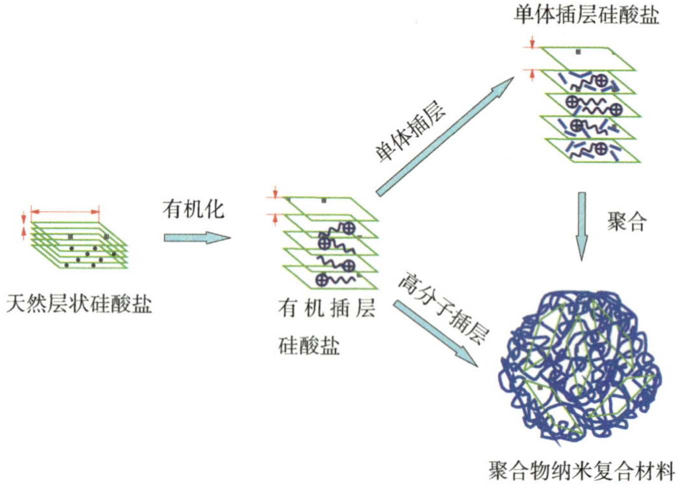

插层聚合原理示意图

高弹耐磨场地塑胶

博士哥哥，我们学校的跑道又要换了，两年前才换过一次。虽然换完了会很好用，但更换期间，就不能在操场上运动了。能用纳米技术延长跑道铺层的寿命吗？

可以呀，现在已经有了利用天然纳米材料改性的塑胶产品，超耐磨。其原理就是利用层状的蒙脱土一类的硅酸盐，在层与层之间插入可以聚合的有机分子，然后利用聚合反应，形成高分子网络结构，就是跟网兜类似的结构——年龄大一点的人应该都用过网兜，虽然它有很多大的网眼，但是非常结实，能够承受很大的拉力。这种天然纳米材料改性的聚氨酯产品，也可以承受很大的压力，并且非常耐磨，使用寿命有望大幅度提高。

小贴士

插层聚合法又名插层复合法，指在生产纳米塑料的过程中，首先将单体或聚合物插入经插层剂处理后的层状硅酸盐(如蒙脱土)之间，进而破坏片层硅酸盐紧密有序的堆积结构，使其剥离成厚度为1nm左右，长、宽为30~100nm的层状基本单元，并均匀分散于聚合物基体中，最终实现聚合物高分子与层状硅酸盐片层在纳米尺度上复合的生产加工工艺。

管道也开始纳米化了

超高分子量纳米聚乙烯管材

博士哥哥，奶奶家的水管最近总是流出黄色的液体，好像是铁锈。水管有纳米产品吗？

樱桃小妹，与上次谈的跑道塑胶材料一样的原理，科研人员制造出纳米蒙拓土改性超高分子量聚乙烯，可以作为输运管道使用，并且无毒、耐腐蚀、耐磨耗、高抗冲、耐开裂，有望应用在江河疏浚大口径管道、节水农用喷灌管道、火电厂粉煤灰输送、天然气、石油输送等方面，应该可以解决你说的问题。

衣服冬暖夏凉

无机纳米复合功能织物

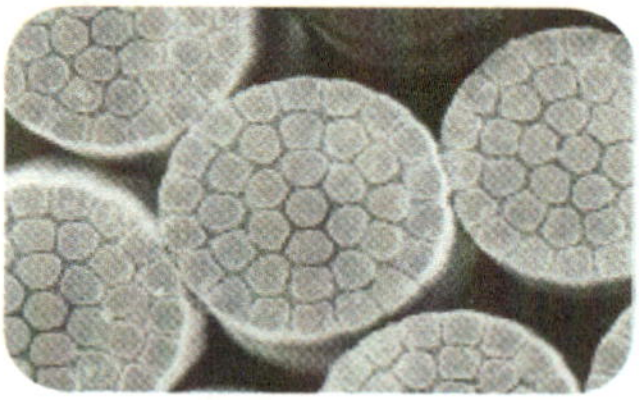

海岛型超微细纤维的电镜照片

博士哥哥，最近天气太热了，衣服总是黏在身上，很不舒服，能用纳米技术让衣服在夏天穿着舒服点吗？

樱桃小妹，通过聚合物静电纺丝法首次制备的共混纤维素类纳米相变纤维，不仅可以生物降解，还能随外界温度的变化发生相形态变化，自动吸热－放热，调节人体体表温度，使衣服冬暖夏凉。并且纤维中有一束一束的微细结构，可以把人体出的汗快速导到服装的表面，蒸发到空气中，使肌肤保持干爽。

小贴士

通过热塑性高聚物聚酯和聚丙烯与无机纳米材料及有机纳米材料的有效复合，能够提高传统化学纤维的舒适性、安全性和功能性。实现了功能性、舒适性（细旦化）与可纺性的有效统一。与微米技术相比，纳米技术功能组分的加入量减少最高可达50%，纺丝组件的更换周期从1周延长至4周，大大提高了纤维制成率，降低了设备损耗及生产成本，节省了能源。

再也不怕咖啡洒身上了

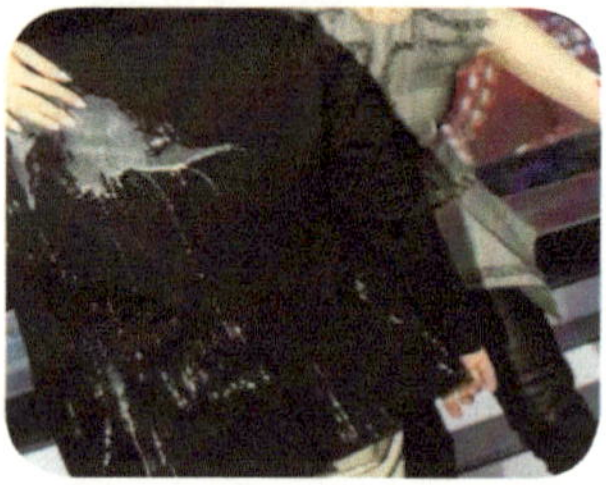

微观荷叶表面

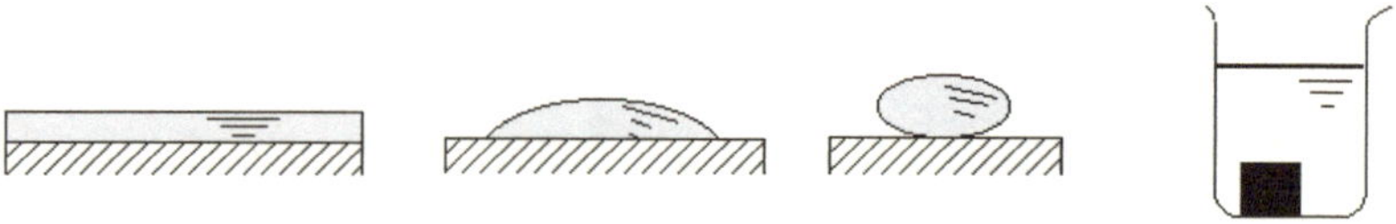

铺展润湿　　黏附润湿　　不润湿　　浸湿

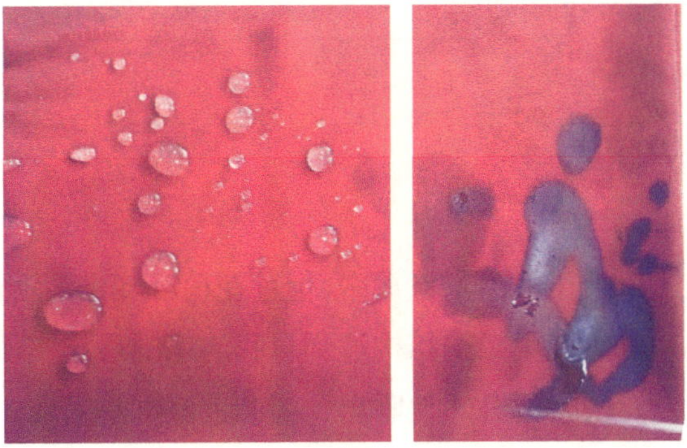

水洒在涂覆纳米涂层（左）和未涂覆纳米涂层（右）的布上

博士哥哥，最近太尴尬了，吃饭的时候，油汤滴到我新买的衣服上了，纳米技术能让衣服不被污染吗？

樱桃小妹，当然可以了，这就涉及纳米仿生技术。中国古代有诗句“荷花出污泥而不染”，其实给了我们很好的自然界防污的例子。科学家通过电子显微镜发现，荷叶的表面存在丰富的微纳米结构，使荷叶表面具有超疏水性，达到防污的效果。根据这一原理，在衣服上制造纳米结构，然后再涂上疏水的涂层，就可以做成防污的衣服了。

小贴士

莲花虽生长于池塘的淤泥中，但莲花荷叶却出污泥而不染，可以说是大自然使用微纳结构达到自我洁净的最佳实例。一提到荷花，人们就会很自然地联想到荷叶上滚动的露珠，即所谓的荷花效应。通过高倍电子显微镜，才能揭开荷叶叶面的奥妙。原来莲叶表面并非想象中的光滑，在荷叶叶面上存在着非常复杂的多重纳米和微米级的超微结构。通过电镜可以观察到，荷叶表面覆盖着无数个约 10 微米的突起，而每个突起的表面又布满了直径仅为几百纳米的更细的绒毛。叶面上布满细微的凸状物，加上表面所存在的蜡质，使得在尺寸上远大于该结构的灰尘、雨水等降落在叶面上时，只能和叶面上凸状物形成点的接触。这是自然界中生物长期进化的结果，正是这种特殊的微纳结构，使得液滴在自身的表面张力作用下形成球状，宏观的表现就是荷叶表面能够不沾水滴。借助荷花效应，荷花可保持叶子清洁。当荷叶上有水珠时，风可以吹动水珠在叶面上滚动，滚动的水珠可以粘起叶面上的灰尘，并从荷叶的边缘高速滑落，起到表面清洁的功能，从而使得荷叶能够更好地进行光合作用。

自然界的现象给了科学家无限的想象与创意。把透明疏油、疏水的纳米材料颗粒作成涂料涂刷在建筑物表面，大楼不会被空气中的油污弄脏，镀在窗户玻璃表面上，玻璃也如同荷叶一般自净而永远透明。或将这种纳米颗粒放到纤维中，做成防尘的衣物，也许可省去不少洗衣的麻烦。

超轻的自行车

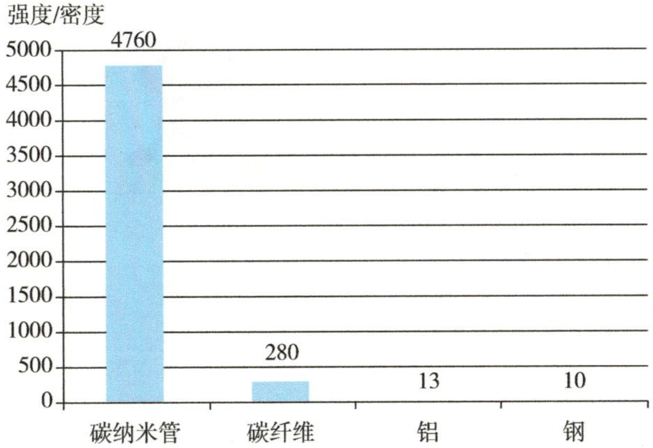
强度/密度
5000
4500
4000
3500
3000
2500
2000
1500
1000
500
0
4760
280
13
10
碳纳米管
碳纤维
铝
钢

博士哥哥，我的自行车太重了，为了安全，每天要把它搬到家里，可是太费劲了，能用纳米技术生产出超轻自行车吗？
可以啊。瑞士的制造商通过多年的努力，解决了碳纳米管相分离和集聚的问题，在碳纤维增强复合系统中实现了直径为1.3纳米碳纳米管的均匀分散。利用这种材料，制造出名为“Pro Machine”的自行车，车架重不到一公斤，但具有杰出的刚性与强度。

小贴士

随着科学技术的进步，传统的自行车材料从钢铁向铝合金等材料转变，目标是使自行车达到高强度、轻量化，减少车身的金属消耗。尤其是比赛用自行车，就更需要使用新材料来实现这一目标。碳纳米材料由于具有优异的力学性能，为自行车材料注入新的活力。然而，由于碳纳米管存在相分离和容易聚集的问题而一直未能真正商品化。

针对这个问题，在碳纤维增强复合系统中采用增强树脂阵列–弱化连接的方法来解决这个难题。在该碳纳米管复合材料中，直径为 1.3nm 的碳纳米管被均匀分散。用这种新材料制造的自行车车架重不到一公斤，并且具有优异的刚性与强度。在此车架的组件中，只有五通主轴为铝合金，其余皆采用含碳纳米管的新材料。在自行车车把 3 点弯曲测试中发现，车架性能提高了 15% ~ 25%，而在不需要更高强度的自行车座位杆方面，则降低了其重量，约减少 15g。

耐磨高清的太阳镜片

博士哥哥，有没有保护眼睛的纳米太阳镜？

有！这种纳米太阳镜外观跟普通太阳镜没有明显差别，但它具有减少反射、防刮擦的功能，能够起到很好的保护眼睛的作用。有两种方式可以制作，一种是把纳米氧化铁、纳米氧化钴等材料加入到眼镜的基体材料中，加工成镜片；另外一种是利用磁控溅射等技术为眼镜片镀上纳米膜。戴上这种眼镜，就可以保护你美丽的眼睛了。

镜片中添加了纳米材料的太阳镜

纳米镜片（左）和普通镜片（右）下的苹果

纳米镜片（左）和普通镜片（右）下的向日葵

纳米镜片（左）和普通镜片（右）下的隧道

小贴士

纳米太阳镜由于在镜片机体中添加了纳米材料，因此能够有效地反射强光，滤掉对眼睛有害的光束。镜片内外表面均镀有纳米超抗污膜，防水防尘防油污，易于清洁和保养。纳米镜片特有的高清晰度和高色彩度饱和度，视物更加清晰自然，物体色彩不会出现失真的感觉。将纳米材料融入镜片的技术，兼顾镜片与表面硬度，有效地防撞击，防划痕，耐磨损，不易变形、破碎。

滑雪可以更快了

滑雪蜡

博士哥哥，我想做一些运动，比如说滑雪，可以用上纳米产品吗？

樱桃小妹，没问题，有家公司专门为滑雪开发了一款纳米产品，就是高性能滑雪纳米保养蜡。它可以在雪橇和滑雪板底的表面覆盖一种多功能的、硬的“智能涂层”，使板底坚固耐用，光滑非凡，使你能够达到最快的滑行速度。去年在俄罗斯召开的索契东奥会上，就能见到这种产品。

小贴士

为了追求更好的滑雪效果，滑雪蜡的成分在不断改进。2003 年，出现了采用纳米技术的滑雪蜡。它能产生具有多功能的“智能”表面涂层。这种新型纳米滑雪蜡极其坚固，有非常低的摩擦系数。用于滑雪橇或雪板时，会形成一层坚硬、牢固的顺滑表面，这层超薄的涂层比传统的蜡更持久，且离开基底时不会发生凝结。这里提到的“智能”是指：滑雪蜡会随着温度的降低而变硬，适合滑雪橇成分和雪的晶体类型，使运动员可在几步内达到最快的速度，并在转弯时具有独特的顺滑性能。该产品对不同滑雪运动和不同水平的运动员具有多种配方。

网球寿命更长了

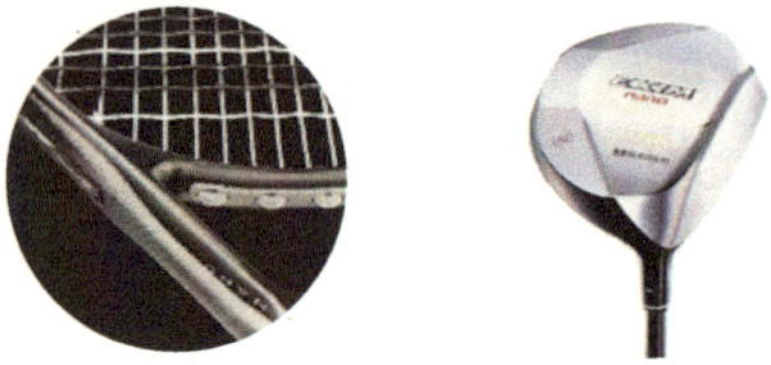

添加了碳纳米材料的网球拍

具有纳米涂层的网球

博士哥哥，我最近喜欢上打网球，但总得不断地去买新球，可球实在是太贵了，有没有结实又好用的网球？

樱桃小妹，通常一个网球只能用两周或更短的时间，经常使用，球就会变得平坦。双核网球通过在内球核上涂覆20微米厚的多层黏土高分子纳米复合物，能够保持四周以上的寿命。同样，通过添加碳纳米管，可以使球拍扭矩提高50%，弹性提升20%，刚性比目前的碳球拍高5倍，且击打更有力量。

小贴士

采用了碳纳米管的球拍 碳纳米管材料比普通钢强 100 倍，但重量仅为普通钢的 1/6，碳纳米管增加了每边球拍最佳击球点的强度。另外，还增强了扭矩和抗柔韧性，使球拍的刚性为碳素球拍的 5 倍。

采用了富勒稀的球拍 利用富勒烯能与碳纤维高度连接的独特性能，将 0.7 纳米的富勒烯与 7 微米的碳纤维相结合用在网球拍的制造上。这项纳米技术使球拍在高稳定性的同时，还增加了硬度，并具有高反弹力，使球能量得到最大返回。

采用纳米技术工艺的复合拍顶和石墨杆 球拍顶端采用纳米粒子增强的碳复合材料，将纳米级的二氧化硅渗入到碳纤维的空隙间，巩固和增强了碳纤维的稳定性和强度，重量也轻于钛和钢。而纳米石墨杆也由于纳米粒子使得球拍扭转更稳定，柔韧性更好。因此纳米球拍更强韧、更有弹性，并有良好的击球感。

采用了纳米复合物的双核网球 其制作时在球内部核心涂以 20 微米厚多层纳米黏土聚合物，防止空气逃逸，增加球的硬度，使其在使用的几周内都能够保持原有性能。球在反弹和重量上没有差别，运动员也感觉不出明显差异，但使用寿命却成倍增加。如今，这种网球已经是戴维斯杯（Davis Cup）比赛官方用球。

建筑防火的保温铠甲

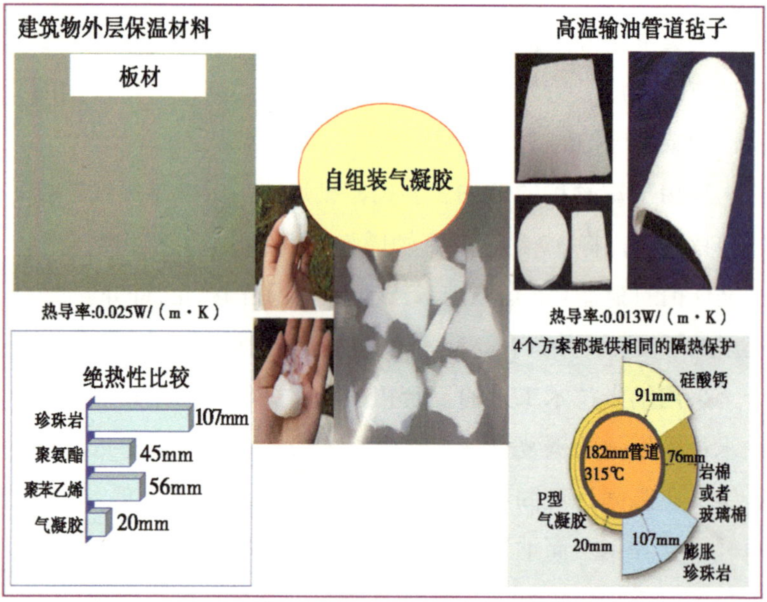

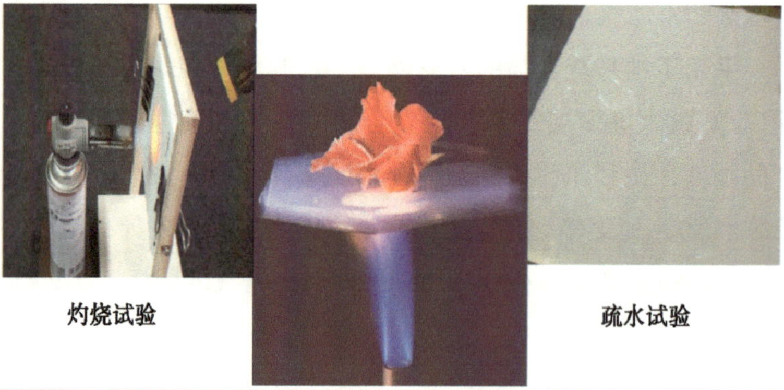

灼烧试验　　疏水试验

小贴士

二氧化硅气凝胶的比表面积可达600m^2/g，其密度最低可至40kg/m^3，分为亲水或疏水两种类型。微细二氧化硅气凝胶一般通过研磨气凝胶块获得。用作保温绝热、空气净化、水处理等功能结构的夹层、填充层，或与其他材料复合、粘连使用。

五、来自古代的纳米产品与身边的纳米科技仿生

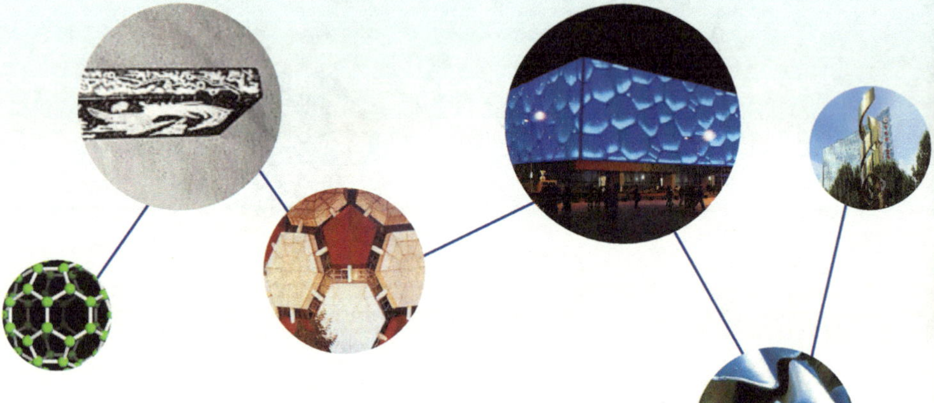

便于书写的徽墨

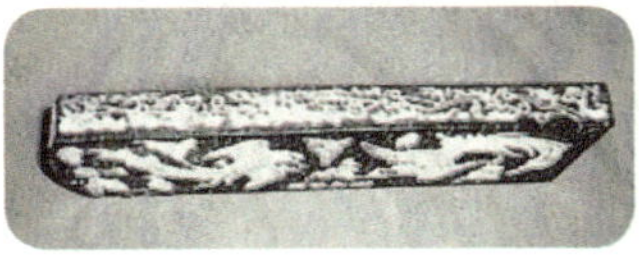

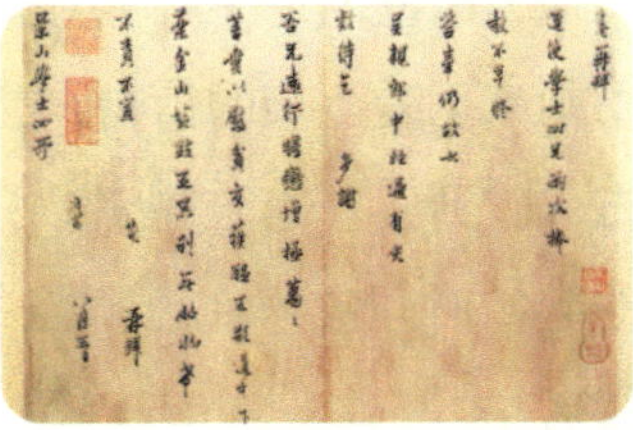

博士哥哥，古代有纳米产品吗？

樱桃小妹，其实早在一千多年前，纳米材料就被我国古人用在徽墨制作和陶瓷制作的技艺中了。徽墨中就有纳米级炭黑，因此用徽墨做的画、写的字，色泽黑润，浓而不滞，淡而不灰；并且中国古代有的中医用墨作为治疗腹泻的药物。

小贴士

徽墨，即徽州墨（安徽省徽州的绩溪县、屯溪区、歙县三地为徽墨制造中心）。徽墨是中国汉族制墨技艺中的珍品，书画家至爱至赖的信物，也是闻名中外的“文房四宝”之一。古人曾云：“有佳墨者，犹如名将之有良马也。”徽州制墨的起始时间应该在唐朝或者唐朝以前，墨因产于古徽州府而得名。

你也许会怀疑，远古时代的技术那么落后，怎么会制造“纳米材料” 呢？其实墨的重要成分是烟，而烟就是由许多超微粒炭黑形成的，墨的好坏与烟的颗粒大小有直接的关系，颗粒越小，制成的墨越细腻。烟是那么轻，那么细，能在空气中袅袅升起，又可以在空气中杳如黄鹤般消散得无影无踪。我们的祖先就是在密闭不透风的情况下，把桐油或优质松油不完全燃烧气化，然后冷凝成烟，再拌以牛皮胶等黏结剂和其他添加剂制成墨的。

徽墨制作配方和工艺非常讲究，“廷之墨，松烟一斤之中，用珍珠三两，玉屑龙脑各一两，同时和以生漆捣十万杵”。正因为有独特的配方和精湛的制作工艺，徽墨素有拈来轻、磨来清、嗅来馨、坚如玉、研无声、一点如漆、万载存真的美传。

不褪色的彩色陶瓷

中国古董

小贴士

公元六世纪，隋文帝结束了南北朝分裂局面，建立隋朝，进行了政治体制改革。政通人和，百废俱兴。特别是烧瓷技术达到了登峰造极的地步。

隋朝对烧瓷技术的改进主要体现在对材料的纳米化上：（1）瓷土研磨后经过十年陈腐。水磨后在大缸内沉淀一年，上面一层捞出到另一缸再沉淀一年，如此反复共经十年陈腐，瓷土达到纳米级。（2）釉质配方改进。釉质又加以水磨，经陈腐也达到纳米级，烧成后玻璃化特别明显，有气泡。

不朽的铜镜

博士哥哥，我在博物馆看到一面古铜镜，据说出土时仍可照人，这与纳米技术有关吗？

樱桃小妹，我国古铜镜千年不锈成了考古界的一个谜，引起历代学者的兴趣。经研究发现，古铜镜的表层非常特殊，千年不锈的奥秘就在这表层上面，据分析存在纳米晶材料。

小贴士

白锡在 13.2℃以下的低温环境中变成粉状灰锡，古人用白毡蘸上这种粉状灰锡摩擦铜镜，使镜面镜背均匀布满灰锡，这层灰锡在自然的条件下，逐渐氧化形成一氧化锡或二氧化锡晶状薄膜。这层膜呈酸性，是惰性物质，即与酸碱很难发生作用，因而有很好的防锈蚀性能。

经过分析发现，古铜镜的表层由两部分组成：一部分为约 10 微米厚的氧化物层；一部分为 100 微米厚的介于非金属层和基体之间的过渡层。表面形成的致密的氧化膜在起保护作用。对古铜镜的表面层作 X 射线衍射分析，结果表明，其组成为二氧化锡和 δ 相铜锡合金。古铜镜表层二氧化锡的晶粒尺寸为 4 纳米。

越王勾践的剑

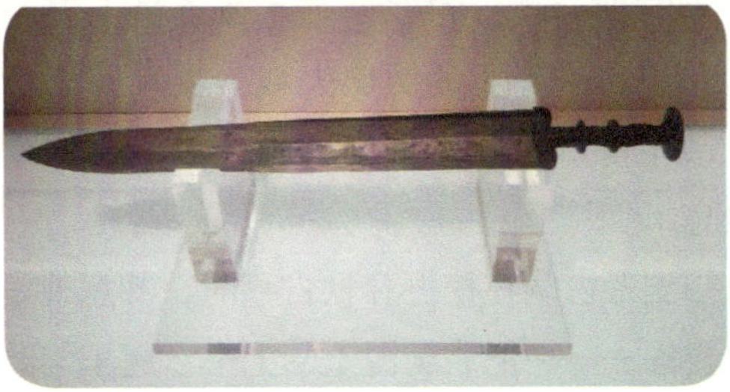

博士哥哥，前些天，我参观了湖北省博物馆，见到越王勾践的剑，据说出土时没有任何锈迹，还可以切断十几张纸，你知道这是什么原因吗？
樱桃小妹，中国古代的铸剑大师可能已经锻造出纳米晶体结构了，使得普通材料铸成的宝剑非常致密，表面的物质阻止了水和氧气的渗透、腐蚀，使得宝剑能经历几千年非但不生锈还能削铁如泥。

小贴士

春秋五霸时期，越王勾践一举击败了吴王夫差，上演了一出“三千越甲可吞吴”的历史大戏。岁月的流逝，使这场惊心动魄的战争静静沉睡在历史的长卷里，忙忙碌碌的后人几乎把它遗忘了。

然而，一支考古队在挖掘春秋古墓时，却意外发现了武装三千越甲的装备——一把沾满泥土的上书“越王勾践自用剑”的长剑。这柄古剑在地下埋藏了两千多年为什么没有生锈呢？为什么依然寒光四射、锋利无比呢？研究发现，“越王勾践自用剑”千年不锈的原因在于剑身被镀上了一层 10 微米厚的铬盐化合物。在电子显微镜下，还会发现晶粒的尺寸是在纳米级。众所周知，铬是一种极耐腐蚀的稀有金属，地球岩石中含铬量很低，提取十分不易。再者，铬还是一种耐高温的金属，它的熔点大约在 4000℃。这一发现立刻轰动了世界，因为这种铬盐氧化处理方法，只是近代才出现的先进工艺，德国在 1937 年，美国在 1950 年先后发明并申请了专利。

中华文明中曾有过太多的秘密，谁能想象，20 世纪 50 年代的科学发明，竟然会出现在公元前二百多年以前？又有谁能想象，秦始皇的士兵手里挥舞的长剑，竟然是现代科学尚未发明的杰作？问题是，我们用什么态度来解释这种超常规的科技早熟现象？我们真不希望看到有些人用“偶然”来解释，它应该有一个更加具体的说明。假如以上的事实是真实的话（至少铬盐氧化处理不是假的），那么我们就会问：它们的技术渊源是什么呢？

纳米科技与文化创意产业

博士哥哥，我最近在搞文化创意产业，能不能加入纳米科技的元素呢？

樱桃小妹，当然可以了，纳米科技也是一种知识和文化，具有文化创意产业的多种元素。譬如，微纳世界是非常漂亮的，很多造型是独特的，就非常适合用来模仿，即可以作为艺术品，也可以用作产品。不但具有纳米科技的概念，而且也是新颖的文化创意。

神奇的DNA

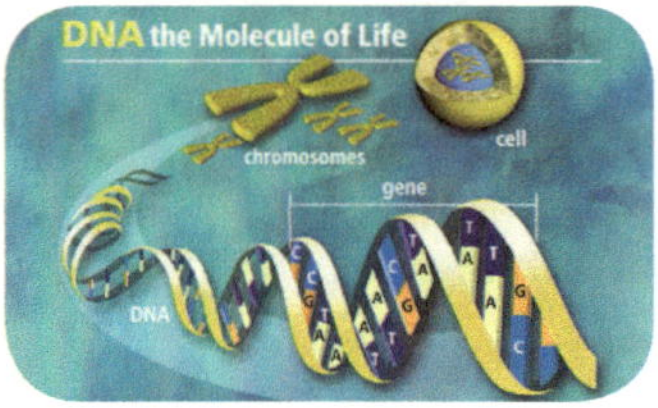

樱桃小妹，现实生活中其实已经有了很多的纳米仿生建筑或者雕塑，只是我们没有把它们联系起来罢了。下面我给你举一些例子，你就会明白了。以前在海淀黄庄的路口，有一个标志性建筑——双螺旋结构，其实就是一个DNA，象征着创新。而DNA的直径约为2纳米，是典型的纳米结构。这个纳米仿生雕塑现在被移到中关村广场上了，有时间的话，你可以去看一下。

博士哥哥，天然纳米材料可以宏观仿造吗？

小贴士

脱氧核糖核酸（deoxyribonucleic acid，缩写为 DNA）又称去氧核糖核酸，是一种分子，双链结构，由脱氧核糖核苷酸（成分为脱氧核糖及四种含氮碱基）组成。可组成遗传指令，引导生物发育与生命机能运作。典型的 DNA 具有两条脱氧多核苷酸链反向平行盘绕所形成的双螺旋结构，螺旋直径大约在 0.5 ~ 2 纳米之间，除了是遗传物质之外，还是典型的纳米材料。

宏观的巴基球

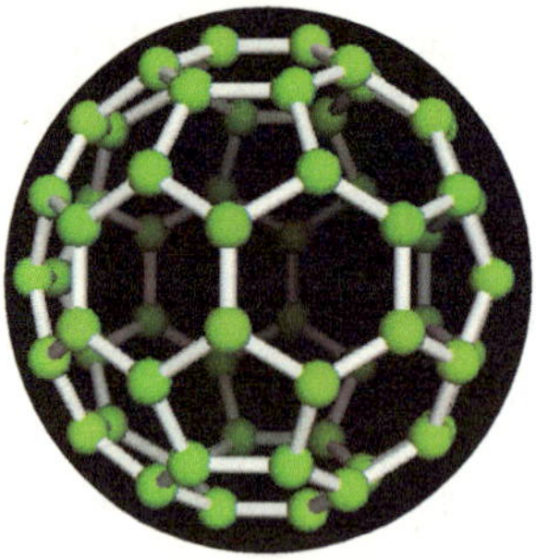

富勒烯模型

樱桃小妹，有，1967 年蒙特利尔世博会的美国馆、深圳世界之窗外面的球形雕塑都是仿富勒烯（又叫巴基球）结构。

博士哥哥，还有其他仿纳米雕塑吗？

带石墨烯结构的世界杯水杯

石墨烯结构的足球网

3D 打印的类富勒烯结构

大连艺术馆外形

小贴士

科技与艺术是没有界限的，先是科学家受建筑设计的启发，定出富勒烯的结构，然后是仿照富勒烯的结构，进行的种类繁多艺术设计。关键在于发挥想象的空间。

分子、细胞上的水立方

分子模拟

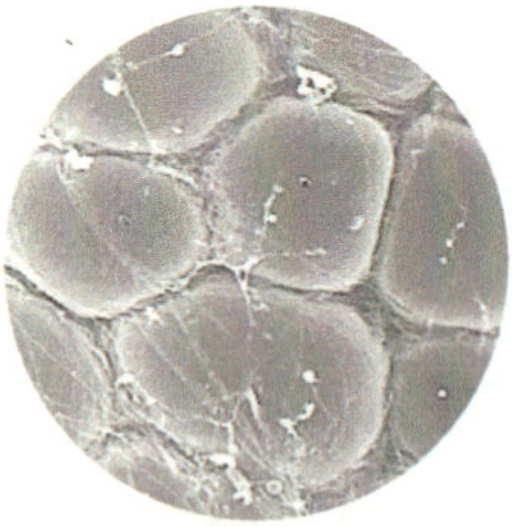

脂肪细胞

水立方

博士哥哥，刚才说了雕塑方面的纳米仿生，在建筑方面有例子吗？

樱桃小妹，你还记得2008年的奥运会吗？出现在世界面前的游泳馆——水立方的外墙，就是模仿了分子结构和脂肪细胞的排列。

小贴士

分子模拟，是指利用理论方法与计算技术，模拟分子运动的微观行为，广泛应用于计算化学、计算生物学及材料科学领域，小至单个化学分子，大至复杂生物体系或材料体系，都可以成为它研究的对象。

量子艺术

（a）原画

（b）纳米摹本

小贴士

聚焦离子束（FIB，focused ion beam）是将液态金属镓（Ga）离子源产生的离子束经过离子枪加速，聚焦后照射到样品表面产生二次电子信号取得电子像。此功能与扫描电子显微镜（SEM）相似，用强电流离子束对表面原子进行剥离，以完成微、纳米级表面形貌的加工。通常是以物理溅射的方式搭配化学气体反应，有选择地剥除金属、氧化硅层或沉积金属层。

仿鲨鱼泳衣

博士哥哥，在2008年奥运会上，菲利普斯穿着鲨鱼皮泳衣，获得了多项冠军，这与纳米仿生有关系吗？
樱桃小妹，有很大关系啊。鲨鱼皮泳衣就是模仿了鲨鱼身体表面的微纳米结构，才实现了减低阻力，加快游泳速度的目的。

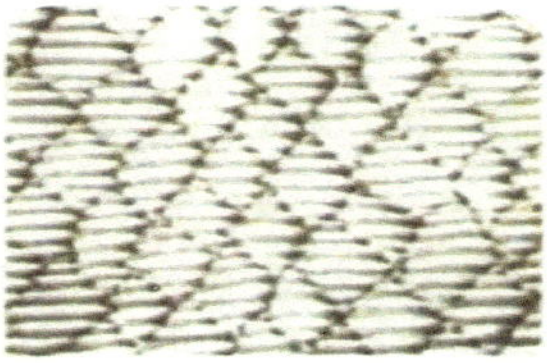

鲨鱼及其表面结构

表面结构放大图

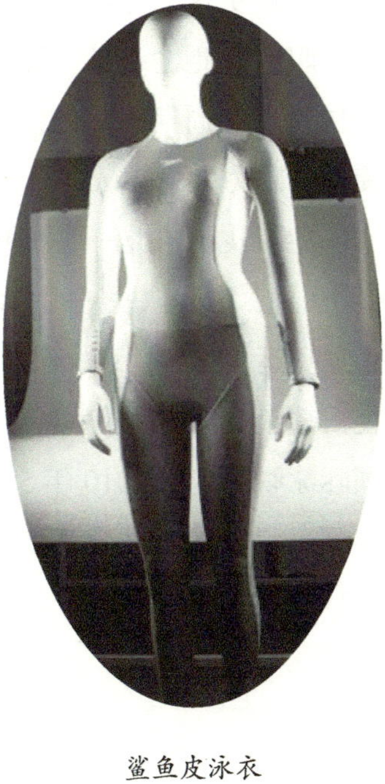

鲨鱼皮泳衣

鲨鱼皮泳衣的微观结构

小贴士

鲨鱼身躯庞大，但在水中却可以快速地游动，甚至比普通的鱼还要快。灰鲭鲨是鲨鱼中流线型很完美的一种鲨鱼，它的时速能达到 70 ～ 80 公里左右，堪称海中的游泳健将。这是出于捕食的需要，鲨鱼处在食物链的最上端，只有比其他的水中生物速度更快，才可能捕获食物。究竟是什么原因使鲨鱼在水中的阻力如此之小呢？秘密就在于鲨鱼皮上存在丰富微纳结构。同样是存在周期性阵列结构，在游动方向上有条纹，这些条纹使水的阻力大为降低。

鲨鱼皮泳衣是一种模仿鲨鱼皮肤制作的高科技泳衣。1999 年 10 月，国际泳联正式允许运动员穿鲨鱼皮泳衣参赛。2000 年悉尼奥运会上，伊恩•索普穿着鲨鱼皮泳衣一举夺得 3 枚金牌，使得鲨鱼皮泳衣名声大噪，并在游泳界快速推广。2009 年 7 月，国际泳联决定于 2010 年 5 月之前全球禁用高科技泳衣。从 2000 年到高科技泳衣被禁止使用，鲨鱼皮泳衣对于此期间世界纪录的打破起了巨大的作用。

纳米未知世界

樱桃小妹，人类对物质世界的认识永无止境，有两条主线，一条是向宏观世界发展，开拓浩瀚的宇宙；另一条是向微观世界发展，探索更小尺度的空间。纳米世界是人类探索微观世界发现的新大陆之一，纳米尺度的物质具有与宏观尺度截然不同的奇妙物理、化学性质，蕴藏着无穷的奥秘，吸引我们去不断探索。纳米科技的发展及应用给人类创造美好的未来世界带来了新机遇。让我们一起努力吧……

博士哥哥，跟着你真长知识！我要认真学习，去探索广阔的未知世界。

致　谢

本书的写作得到了国家科技部高新技术产业化司、高技术中心、基础研究司、基础研究管理中心，以及北京市科委双新处、北京市新材料中心、“863”计划纳米材料专项专家组、纳米研究重大研究计划专家组、国家纳米科学中心的领导和同仁，以及我的家人和朋友的关心和支持，在此向他们表示最诚挚的谢意！

此外，还要感谢国家纳米科学中心提供良好的工作与学习环境，感谢中心研究生科普协会的支持：孟庆海、段凤、王静、温涛、曹丰晶、曹晶、于兰兰、李欢、杨扬、韩金华、胡方云、周亭、尚进、王悦、周会鸽、刘英华、张嘉坤、周文菲、庄小溪、胡克磊、孟月娜、戴兆贺、董骥、田琰、苏世帅、侯静菲、曾志辉等同学帮助开展了纳米科普工作，胡海制作了部分插图。

最后，特别感谢国家纳米科学中心刘鸣华主任、刘洪海书记、赵宇亮副主任、王琛研究员、查连芳研究员、韩东研究员、唐智勇研究员、聂广军研究员、张忠研究员、万菲主管、窦凯飞主管、杨舒主管，东南大学顾宁教授，清华大学范守善院士、刘冬生教授、魏飞教授，上海市纳米科技与产业发展促进中心闵国全主任、费立诚副主任，东华大学朱美芳教授，清华大学深圳研究院的马岚教授，武汉大学张志凌教授，北京大学口腔医院邓旭亮大夫，中国科学院电子研究所蔡新霞研究员，四川大学李玉宝教授，北京化工大学陈建峰院士和李效玉教授，武汉工程大学鄢国平教授，中国科学院兰州化学物理研究所刘维民院士，中国科学院上海高等研究院封松林院长，中国科学院上海微系统研究所宋志棠研究员，中国科学院合肥智能所刘锦淮副所长，中国科学院过程工程研究所的陈运法书记，中国科学院金属研究所成会明院士，河南大学张治军教授，中国科学院化学研究所江雷院士、赵进才院士、宋延林研究员，中国科学院理化技术研究所唐芳琼研究员，中国科学院福建物质结构研究所林璋研究员，中国科学院生态环境中心潘刚研究员，中国科学院科学传播局马强主管，中国科学院天地生科学文化传播中心袁志宁主任、青少部季慧部长等给予的特别帮助。